机载光纤惯导及航姿系统的光源技术

王 瑞 郑百东 徐金涛 刘 蕊 姜 旭 编著

北京航空航天大学出版社

内 容 简 介

　　光纤超荧光光源是干涉型光纤陀螺的首选光源,是影响光纤陀螺精度、稳定性的重要因素之一。随着光纤陀螺的应用越来越广、研究越来越深入,光纤超荧光光源技术愈发成熟。本书围绕掺铒光纤光源技术,首先介绍了掺铒光纤光源基本原理、稀土元素光致发光机理、铒离子能级、光纤光源基本结构以及光纤光源理论模型等内容;其次介绍了光纤光源泵浦激光器的功率控制与温度控制;再次分析了掺铒光纤中铒粒子分布对光纤光源光谱、功率等性能的影响;之后分别分析了光纤光源因铒离子受温度影响而表现的温度特性和因铒离子的各向异性而表现的偏振效应;最后介绍了以双向泵浦的带 Lyot 消偏器的光纤放大器光源的构型方案,提高了光源的光谱宽度,同时分析了光纤陀螺时分复用调制解调方案和光源强度噪声的一种消减方法。

　　本书可作为导航、制导与控制、仪器科学与技术等专业本科生和研究生的教材或参考资料,也可供相关科研人员参考使用。

图书在版编目(CIP)数据

机载光纤惯导及航姿系统的光源技术 / 王瑞等编著
. -- 北京 : 北京航空航天大学出版社,2024.1
ISBN 978-7-5124-4217-7

Ⅰ.①机… Ⅱ.①王… Ⅲ.①纤维激光器-激光荧光
Ⅳ.①TN248

中国国家版本馆 CIP 数据核字(2023)第 221852 号

机载光纤惯导及航姿系统的光源技术

王瑞　郑百东　徐金涛　刘蕊　姜旭　编著
策划编辑　董瑞　　责任编辑　董瑞

*

北京航空航天大学出版社出版发行

北京市海淀区学院路 37 号(邮编 100191)　http://www.buaapress.com.cn
发行部电话:(010)82317024　传真:(010)82328026
读者信箱:goodtextbook@126.com　邮购电话:(010)82316936
北京富资园科技发展有限公司印装　各地书店经销

*

开本:710×1 000　1/16　印张:10　字数:154 千字
2024 年 1 月第 1 版　2024 年 1 月第 1 次印刷
ISBN 978-7-5124-4217-7　定价:59.00 元

前　　言

　　光纤超荧光光源具有宽谱、出纤功率高、稳定性好、寿命长的优点，可以抑制干涉型光纤陀螺中的 Kerr、Rayleigh 散射等非互易效应，掺铒光纤光源就是一种典型的光纤超荧光光源，也是光纤陀螺的首选光源。掺铒光纤自身的团簇效应、荧光俘获效应、光纤中铒离子的各向异性以及铒离子玻尔兹曼温度统计特性等因素，对光源平均波长的稳定性具有较大影响，进而对光纤陀螺的精度和稳定性产生影响。因此，近二三十年来，掺铒光纤光源得到广泛重视并快速发展而日臻成熟。基于作者对掺铒光纤光源技术的了解和研究并结合前人研究成果，本书重点梳理了近年来掺铒光纤光源的关键技术。

　　本书以机载光纤惯导中光纤陀螺用掺铒光纤光源为背景，着重介绍了掺铒光纤光源的铒离子浓度特性、温度特性、偏振特性及光纤放大器光源等关键技术。第 1 章介绍了干涉性光纤陀螺基本原理及其对光源的技术要求，并介绍了掺铒光纤光源的发展与现状；第 2 章主要分析了掺杂在光纤中的铒离子的发光机理和能级结构、泵浦波带的优缺点、光纤光源基本结构，着重介绍了掺铒光纤光源的功率传输方程、光源结构边界条件；第 3 章介绍了掺铒光纤光源泵浦激光器的基本原理、泵浦功率控制、激光器温度控制及泵浦激光器驱动的具体实现；第 4 章依据谐振上转换效应和铒离子团簇效应，介绍了铒离子在光纤中的分布模型和铒离子对存在比率的模型，并分析了掺铒光纤掺杂参数对光源的影响；第 5 章介绍了掺铒光纤内部的温度场分布模型，泵浦光在掺铒光纤中对热能的影响，以能级密度、铒离子吸收截面和辐射截面温度特性为基础建立了掺铒光纤光源的温度模型和简化数值模型；第 6 章通过分析硅基掺铒光纤中铒离子的各向异性，以偏振效应修正铒离子的吸收截面和辐射截面以及铒离子的速率方程，分析了掺铒光纤光源中的 PDG 效应，设计了偏振态稳定的无偏掺铒光纤光源；第 7 章分析了光纤放大器光源的放大特性和光纤放大器光源的噪声指数模型,介绍了双向泵浦的带 Lyot 消偏器的结构方案和光纤放大器光源的增益箝位技术,并分析了光纤陀螺与光纤放大器光源的耦合方案,针对光纤陀螺光源噪声特性,采用对比相减法抑制光源的强度噪声以降低陀螺的随机游走系数。

　　本书主要作者有王瑞、郑百东、姜旭、刘蕊、徐金涛等,其中王瑞负责全书架构设计并统稿,郑百东负责模型程序仿真,姜旭负责实验数据整理,刘蕊负责文字整理,徐金涛负责插图绘制。同时,在本书的撰写过程中得到了戴洪德同志的大力支持和帮助,在此表示衷心感谢,本书编写过程中参考大量文献,对文中引用的参考文献作者一并表示感谢。

　　本书的完成得到国防科技项目基金(F062102009)、山东省自然科学基金面上项目(ZR2017MF036)的支持,在此深表感谢!

　　由于作者水平有限,书中不妥之处,恳请广大读者不吝指正,以提高完善。

笔　者
2023 年 10 月

目　　录

第1章 绪 论

　　光纤是光导纤维的简称,是一种约束光能传播的光波导。自 1970 年美国康宁公司研制出世界上第一根损耗小于 20 dB/km 的光纤以来,光纤技术得到突飞猛进的发展。这主要得益于光纤技术的四项突破:第一,光波在波导纤维中的传输损耗很小,可保证光信号在较远距离传输时能量不散失;第二,随着半导体激光器技术的成熟,其成本降低且效率提高,保证有足够的光功率被耦合进光纤中;第三,随着光纤技术的进步,可以制作出能有效控制光传输的精密光器件(如耦合器、光隔离器等),保证能够搭建复杂的光学系统;第四,光学放大器如掺铒光纤放大器(Erbium Doped Fiber Amplifier,EDFA)可以直接放大光信号,而不必多次经过昂贵且高噪声的光电转换,保证了光信号能够在更远的距离上传输。这几项技术进展使光纤在通信领域得到广泛的应用,尤其是在有线通信领域,如有线电视、电话、互联网等方面。同样,光通信技术的进步也加快了光纤传感技术的发展。光纤传感技术是一种以光波为载体、光纤为媒介、感知外界被测信号的新型传感技术。温度、压力、声波、旋转速度等都会改变光纤的传输特性,在光纤中加载光波后,出纤光波的相位和强度信息表现出相应的改变,这就是光纤传感器的基本测量原理。光纤传感器中技术比较成熟的有光纤水听器和光纤陀螺(Fiber Optic Gyroscope,FOG),其被视为光纤传感技术成功应用的范例。

　　陀螺仪的基本功能是测量载体相对惯性空间的角位移和角速度,故在航空、航天、航海、兵器,以及其他一些领域中的应用十分广泛。以陀螺仪和加速度计为敏感元件的惯性导航系统是一种完全自主式的系统,它不依赖外界任何信息,也不向外辐射任何能量,具有隐蔽、全天候和全球导航能力。光学陀螺是陀螺仪的一类,与传统的机械陀螺相比,光学陀螺没有高速旋转的转子,因而可靠性和精度大大增加,而制作成本降低。

　　光学陀螺分为两种:激光陀螺和光纤陀螺。激光陀螺的主体是一个环形谐振腔,谐振腔环路中有两束沿相反方向传播的光,通过两束光的频率差可获得被测系统的角速度。目前,激光陀螺的随机漂移可达 $0.001°/h$,已能满足先进飞机导航定位精度的要求。激光陀螺由于加工工艺较为复杂,故制造成本偏高,如腔体材料非常坚硬,必须采用金刚刀具在专门的数控机床上加工,且加工精度须保持在 $0.05\ \mu m$ 以内;其反射镜的制造工艺也极其精密、复杂,限制了激光陀螺的发展。而光纤陀螺以其全固态、轻型化、低成本,解决了其他类型陀螺面临的可靠性问题而备受关注。在过去的二十几年中,国内外的许多大学和研究机构都投入了大量的人力和物力对其研究,并且取得了很大的成功,到目前为止已经有不少的产品问世。当前对光纤陀螺的研究主要集中于如何提高精度、减小体积、缩减成本,以广泛应用于惯性导航、航姿测量、罗经等领域。目前,光纤陀螺的精度还达不到百万分之一,不能满足惯导系统对陀螺的性能要求,所以对光纤陀螺的研究还需要更深入,特别是对产生信号源的光源的研究。用于光纤陀螺的光源需要具有宽谱、空间一致性高、平均波长稳定性好的特性,而超荧光光源则是应用于惯导级光纤陀螺的首选光源,这也是本书的研究内容。

作为产生信号源的光源对光纤陀螺的随机噪声系数、标度因数以及稳定性有至关重要的影响。光源平均波长与陀螺标定因数成正比,其稳定性直接决定了光纤陀螺标度因数的可重复性,特别对高精度光纤陀螺,光源平均波长的稳定性已经成为制约光纤陀螺标度因数稳定的关键指标。良好的光功率稳定性可避免检测信号失真,选取合适的光谱宽度可以有效地抑制或消除陀螺中寄存的非互易因素(如 Kerr 效应、Rayleigh 散射以及偏振串音等)。而所有因素当中对光源波长稳定性的要求最为苛刻,平均波长稳定的光源是光纤陀螺实现高精度的必要条件。尤其是舰船使用的光纤陀螺需要高精度,高稳定性,并且对船舶上的恶劣环境(如温度剧烈变化、震动、噪声等)免疫,这也对光源提出了相对较高的要求。光纤光源具有宽谱、高稳定性和最优波段的特性,故其成为光纤陀螺的首选光源。近十年来,对光纤光源的研究是光纤陀螺领域的一个热点。

本书以高精度光纤陀螺的光源为主要内容展开研究,围绕掺铒光纤光源(Erbium Doped Fiber Source, EDFS)的发光机理,深入研究铒离子浓度、温度、偏振特性对光源效率和稳定性的影响。在掺铒光纤光源的设计中,采用消除以上参量的影响,提高掺铒光纤光源的稳定性,消除光源对光纤陀螺性能提高的限制,具有重要的理论意义和实际应用价值。

1.1 干涉型光纤陀螺基本原理

光纤陀螺基于 Sagnac 效应,基本原理如图 1.1 所示。光波从光源射出后,经过耦合器耦合进入集成光学芯片(Y-波导),在 Y-波导中被平均分为两束,之后在光纤环中相向传输(光纤环中沿顺时针方向传输的光波用 CW 表示,沿逆时针方向传输的光波用 CCW 表示)。在光纤环中传输一周后 CW 和 CCW 在 Y-波导中汇合,合并成为一束光。这束光沿原光路返回,到达耦合器后,被耦合进入与光源同侧的另外一个端口,被光电检测器检测出来。当整个系统静止时,CW 和 CCW 的速度和经过的光程完全相同,因此经过光纤环后 CW 和 CCW 的相位差为零,对应于最大干涉强度。而当整个系统在惯性空间发生转动时,CW 和 CCW 在光纤环中光程不同,发生了 Sagnac 相移,CW 和 CCW 的相位差与转动角速度成比例。通过测定 CW 和 CCW 的相位差就可以测定系统的角速度。

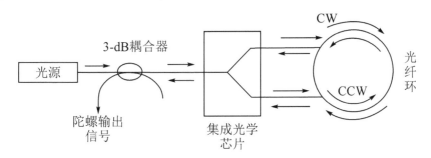

图 1.1 光纤陀螺基本原理

Sagnac 相位差与系统转动角速度的关系为

$$\Delta\Phi = \frac{8\pi NA}{\lambda c}\Omega = K\Omega \qquad (1-1)$$

式中,Ω 为系统的角速度;λ 为光源的波长;c 为真空光速;A 为光纤环围绕的面积;N 为光纤环的总匝数;K 为 Sagnac 相位差与载体转速 Ω 的比例系数。

由于 Sagnac 相位差正比于旋转速度矢量的通量,故通常采用多匝线圈以增强 Sagnac 效应。

图 1.1 所示的结构是光纤陀螺的开环结构,旋转速率可以通过直接测量光纤陀螺输出信号的干涉强度来测量。而广为采用的是闭环结构的光纤陀螺,如图 1.2 所示。

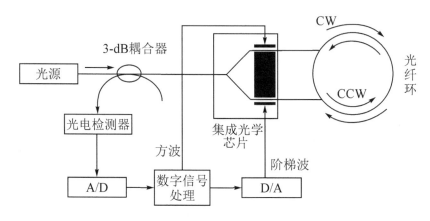

图 1.2　数字闭环光纤陀螺基本原理

数字闭环光纤陀螺是利用反馈回路,通过相位调制器引入与 Sagnac 相移相等、符号相反的非互易相移,来抵消 Sagnac 相移,当闭环控制反馈量为零时,反馈相移就等于所测的 Sagnac 相移。同开环检测方式相比,闭环光纤陀螺无中心工作点的限制,具有线性度高、动态范围大的特点,且可直接输出数字信号。

1.2　干涉型光纤陀螺对光源的指标要求

1. 光源的光谱宽度

在惯性导航系统中,FOG 测得的旋转速率需要对时间积分,FOG 测量过程中的任何误差都会被累积下来,都会降低惯性导航系统的精度。所以要尽量降低 FOG 的检测噪声。噪声中最大的一类是非互易噪声(又称为一致性误差),包括光纤缺陷态反射、偏振串音、Rayleigh 背向散射以及 Kerr 效应等。光纤陀螺采用相干长度短的光源时,可以有效消除这些非互易误差源或使其影响最小化。

光纤缺陷点引起的误差如图 1.3 所示。光纤中由于制造技术缺陷而存在一些缺陷点,光在经过这些点时会部分发生反射,反射的光与未反射的光在输出口发生干涉,产生附加相位差。图 1.3 中相向传输的两束光 P 和 P′经过光纤中的一个缺陷点时没有受到影响,由于它们占 CW 和 CCW 的大部分而被称为主波。在光纤缺陷点处发生反射的光波 S 和 S′所占比例较小,称为二次谐波,S 和 S′会发生 Michelson 干涉。当这四束光返回到 Y -波导的输出端时,由于主波 P 及 P′和二次谐波 S 及 S′传输的光程不同,所以 FOG 输出的相位差是主波 P 和 P′的 Sagnac 相位差以及二次谐波 S 和 S′的 Michelson 相位差的总和,故解算的旋转速度被引入误差。由于 S 和 S′的光程差在相干长度内才能发生干涉产生相位差,当采用相干时间短的宽谱光源时,光信号只有在光纤中心相干长度内的缺陷点发生反射所产生的 S 和 S′才能引入相位差,这种效应被极大地抑制了。

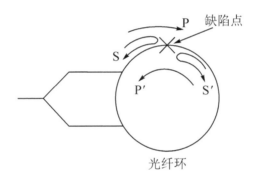

图 1.3　光纤缺陷点引起的误差

　　Rayleigh 散射在整个光纤中都会产生传输方向与原方向相反的光,其原理与缺陷点相似,可以被看作分布式的后向散射缺陷点。同样地,当采用相干时间短的宽谱光源时,只有在光纤环中心相干长度内发生散射的光波才会对 FOG 的输出附加相位误差,因而 Rayleigh 散射被极大地削减了。

　　光纤中的偏振串音也称偏振耦合效应,是指光波在光纤中传输时,其偏振模式会在相互正交的两个模式中交替耦合。FOG 中的光波都是偏振光,不同的偏振态在光纤中传输常数不同,传输的速率也不同,这就造成了发生串音的偏振光波与其他光波相比附加了光程差,从而在光纤环输出端干涉时引入了非互易相位差。采用保偏光纤绕制光纤环可在一定程度上削减该效应,但由于光波在光纤环中传输时不止一次发生偏振串音,可能会再次耦合到原来的偏振状态中,在光纤环的出口就不会被过滤掉进而与主波干涉产生附加相位差。同样地,采用相干长度短的宽谱光源能够削减偏振串音引起的误差,因为只要发生偏振串音的光波与主波的光程差不在相干长度之内,就不会与主波发生干涉,误差就能被消除。

　　Kerr 效应是光纤中的一种非线性效应。当光纤中的光功率过大、分布的光电场过强时,会导致光纤的折射率发生变化,从而影响光波在光纤中的传播常数,改变光程。这就表示光波导的传输常数变成了光功率的函数。假若光纤环中的两束光 CW 和 CCW 的功率不相等,则会导致两束光的传输常数不同从而产生附加光程差,当两束光干涉时会在 Sagnac 相移中附加一个相位差,这种效应可以表示为

$$\left.\begin{aligned}\delta n_1 &\propto I_1 + 2I_2\\\delta n_2 &\propto I_2 + 2I_1\end{aligned}\right\} \qquad (1-2)$$

式中,δn_1 为 CW 光致折射率变化量;δn_2 为 CCW 光致折射率变化量;I_1 为 CW 的光强;I_2 为 CCW 的光强。从式(1-2)可以看出,每束光引起折射率的变化不仅受本束光光强的影响,也会受到相向传输的光强的影响,而且后者的影响更大,是前者的两倍。如果 CW 和 CCW 的光强相等,那么 $\delta n_1 = \delta n_2$,附加光程差为 0,不会产生相位误差。限于器件加工水平,Y-波导的分光比很难做到严格等于 50%,CW 和 CCW 光强不完全相等,更严重的是 Y-波导受温度影响,分光比不能保持恒定,这会引起 FOG 随温度变化而产生缓慢的漂移。Kerr 效应导致的相位误差可以表示为

$$\langle \varphi_k \rangle = \frac{2\pi L_c}{\lambda} \cdot \frac{\chi_e^{(3)}[\langle I_1 \rangle - \langle I_2 \rangle]}{4n} = \frac{2\pi L_c}{\lambda} \cdot \frac{\chi_e^{(3)}[1 - 2\alpha]\langle I \rangle}{4n}$$

$$(1-3)$$

式中,$\langle I \rangle$ 为光强对时间的平均值;L_c 为光源的相干长度;χ_e 为电极化率;α 为 Y-波导分光比;n 为光纤等效折射率;λ 为光源波长。

　　当 CW 和 CCW 发生干涉时会产生一个折射光栅,此时 Kerr 效应就会产生,在光纤环的全部光纤上都会出现这样的光栅,因而 Kerr 效应不能被消除。当采用相干长度短的宽谱光源时,只有在相干长度内存在折射光栅时,附加的相位差才会产生。这样 Kerr 效应导致的误差被极大地减小了,而不用耗费巨大成本去提高 Y-波导的分光比精度。脉冲调制光源也

能产生相干长度短的光源,但是需要光波脉冲的占空比严格等于 50%,显然这也很难做到。

综上所述,采用宽谱光源可以极大地削减 FOG 中寄生的非互易效应,提高光纤陀螺的精度,通常认为光谱宽度达到 30 nm 以上就可以满足陀螺需求,更宽的光谱对陀螺的改善并不明显。

2. 光源的功率

光电检测器输出电信号的信噪比与输入 PIN 的光信号的功率是成正比的,如果 FOG 输出的光功率过低,则会导致系统信噪比退化,精度降低,所以需增加光源功率和从光源耦合进入光纤中的功率比,以提高 FOG 的输出功率。采用宽带光源时光电检测器受散粒噪声和过量拍频噪声两个噪声分量的影响。FOG 的基本测量极限受散粒噪声(检测器在进行光电转换时产生的随机噪声)的限制。散粒噪声与时间不相关,与生成的探测电流成正比。过量拍频噪声又称为强度噪声,正比于检测器产生的光电流平方,反比于光源的光谱宽度。在检测器接受的光功率较小时,信噪比主要受散粒噪声的限制,且随着光功率增大近似呈线性提高;当光功率升高到一定程度时,信噪比主要受过量噪声的影响,此时再提高输入光功率不再改善信噪比,信噪比此时为常数。所以,应用于 FOG 的光源的输出功率要达到较高的水平,耦合进入每个光纤环的功率须不低于 2 mW 以保证信噪比达到极限值,同时信噪比的极限值受光源谱宽的影响,随光谱增宽而升高。另外,在惯导系统中通常包含三轴陀螺,为了提高陀螺的一致性,一般只采用一个光源为三个 FOG 提供光信号,这样可减少信号检测时的繁复计算,还可以简化 FOG 的结构。这就要求应用于 FOG 的光源是输出功率在 10 mW 以上的大功率光源。

3. 光源的稳定性

对 Sagnac 相位差式(1-1)进行简单变换,能够得到 FOG 输出的转速信号表达式,即

$$\Omega = \frac{\lambda c}{8\pi NA}\Delta\Phi = K\Delta\Phi \qquad (1-4)$$

$$K = \frac{\lambda c}{8\pi NA} \qquad (1-5)$$

式中,$\Delta\Phi$ 和 Ω 的系数 $1/K$ 为标定因数,从式(1-5)可以清楚地看出标定因数主要受两个因素的影响:光纤环的面积 A 和光源的波长 λ。惯导系统中,FOG 输出信号的稳定性被要求控制在百万分之一的范围内,这意味着标定因数同样要稳定在这一水平。

光纤环的面积 A 在理论上是不变的,但是受热胀冷缩的影响,光纤会随着温度的变化而变长或缩短,由此导致光纤环的面积出现波动。FOG 要求光纤环达到很好的稳定度,变化不能超过 1 ppm/℃。光源波长的稳定性对稳定标定因数的意义也同样重要,光源波长相对于面积 A 更易发生波动,在全温度范围运行时其变化更大,幅度很难控制在 1 ppm 范围内。这样就提出了 FOG 对光源的另一个指标要求,即光源在长时间内具有高稳定性。

4. 应用于 FOG 的光源的选择

通过以上分析可以看出,应用于干涉型 FOG 的光源必须是相干时间短的大功率宽谱光源,正因如此,很多技术成熟的优质光源都不能采用。如 He-Ne 激光器曾最先被应用于 FOG,但它的发射面积过大,能够耦合进入光纤的功率太低,且其光谱很窄,故很快被淘汰。半导体光源虽然具有坚固耐用、体积小和供电电压低等优点,但也不能完全满足上述条件。例如,激光二极管的输出光波具有空间相干性好的优异性能,输出功率也很大,但是由于光谱太窄而不能被采用。发光二极管则相反,能够输出较宽的光谱,但它输出的光功率过低且难以有效被耦合到光纤中。

为了弥补以上光源的不足,超辐射激光二极管(Superfluorescence Laser Diode,SLD)应运而生。SLD 具有近高斯型的光谱,谱宽可以达到 25 nm 以上,因而其相干时间很短;光源的体积小、重量轻,并且出纤功率很大,可以有效耦合进入单模光纤中。因而 SLD 一出现就被大量应用到各个精度的 FOG 中,是较为适合在 FOG 中使用的光源。SLD 就是激光二极管,只不过没有谐振腔,是一种放大的自发辐射光源(Amplified Spontaneous Emission,ASE),其输出功率归纳为

$$P = f(I, T', S, \eta) \tag{1-6}$$

式中,P 为 SLD 的出纤功率;I 为驱动电流;T' 为半导体结温;S 为发光面积;η 为与单模光纤的耦合效率。从式(1-6)可以看出参数 T' 是限制 SLD

应用的重要因素,且 SLD 受温度的影响极大。SLD 的输出光功率受温度影响很大,更为严重的是 SLD 的波长对温度更敏感,当温度变化 1 ℃时 SLD 的波长变化会超过 400 ppm,如果想达到 1 ppm 或几个 ppm 的稳定性则需要保持 SLD 的工作温度波动不得超过 0.002 5 ℃,这几乎没有实现的可能,即使能够达到也会增加过多成本且使系统复杂化。

近 20 年来,光纤制备技术飞速发展,各种类型的光纤被相继研制成功,研制新型宽谱光源成为可能,其中之一就是超荧光光纤光源(Superfluorescent fiber source, SFS),SFS 是以掺杂了稀土元素的光纤作为增益介质产生 ASE 光的新型光源,它在很多方面具有优良的性能,目前是 FOG 的首选光源。

掺铒光纤光源(EDFS)是一种 SFS 光源。由于铒离子具有稳定合理的能级结构及其辐射的光波在 1 500 nm 这一合适的波段,使掺铒光纤光源成为研究热点。与 SLD 光源相比,该光源具有如下优点:

① EDFS 的出纤功率高。由于 EDFS 的增益介质就是光纤,有用光的转换效率高,在与 Y-波导连接时可以实现无损耗焊接。EDFS 可以保证在为 FOG 提供数毫瓦功率时降额一半使用,从而提高了寿命。相反,SLD 的半导体增益介质与光纤难以有效耦合,光源利用率很低。

② EDFS 的波长稳定性好。铒离子的能级稳定性优于半导体二极管,故 EDFS 的光谱具有较高的稳定性。研究表明,EDFS 的波长稳定性优于 SLD 一个数量级,单从光源的热稳定性方面比较,EDFS 优于 SLD 两个数量级。

③ EDFS 输出光的偏振度低,可以看作无偏光。这可以减少 FOG 中偏振耦合引起的非互易性,从而可以选择普通单模光纤耦合器连接光源与 FOG,降低了成本。

④ EDFS 的寿命长。由于可以降额使用,其寿命比 SLD 的寿命要长。

1.3　掺铒光纤光源的研究现状

掺铒光纤光源源自掺铒光纤放大器,R. J. Mears 首先提出在掺铒光纤中放大 1.54 μm 波段的光波,并成功试制出第一个掺铒光纤放大器。随后,1989 年激光器速率方程被用来描述掺铒光纤光源的物理模型,奠定了研究掺铒光纤光源的理论基础。在对掺铒光纤光源的研究中,最著名的是美国斯坦福大学的研究小组。从 20 世纪 90 年代初开始,该小组在理论和实验上对掺铒光纤光源开展了全面的研究,研究内容主要包括:掺铒光纤光源可能的组成结构,超荧光在铒纤内的分布,掺铒光纤长度、光路反馈、偏振效应以及泵浦源的功率和波长对出纤超荧光的功率、平均波长和光谱宽度的影响。掺铒光纤光源的平均波长受泵浦功率的影响较大,D. C. Hall 等人在理论和实验上对此进行了详细分析,指出泵浦功率对平均波长的影响系数由掺铒光纤长度决定。

在掺铒光纤光源的泵浦方面,相关技术已经较为成熟。1991 年,1 480 nm 的泵浦激光器和采用波分复用器(Wavelength Divided Multiplier, WDM)的泵浦方式被采用,EDFS 输出的超荧光的光谱宽度达到了 20 nm 以上,功率大于 16 mW,平均波长为 1 550 nm。同年,钛宝石激光器与端面泵浦技术被应用于掺铒光纤光源,使其超荧光的光谱宽度也达到了 20 nm,输出功率达到 85 mW。1995 年,英国的一个研究小组采用单程后向结构,掺铒光纤长度分别选用 23 m 和 78 m,使 EDFS 的平均波长温度系数分别达到了 4.8 ppm/℃ 和 3.0 ppm/℃,谱宽则达到了 19 nm。1996 年,980 nm 的激光器与 WDM 耦合器泵浦方式复合运用,得到了谱宽为 27 nm、出纤功率为 18.6 mW 的掺铒光纤光源。

德国 Sfim 公司和法国 Photonetics 公司在 1996 年将其研制的高精度 FOG - 120 的设计参数公布出来,三轴 FOG 使用同一个 EDFS,FOG 的零偏稳定性达到了 0.016～0.07°/h。为了进一步提高 EDFS 平均波长稳定性,Photonetics 公司在 EDFS 中加入了 Bragg 光纤光栅反射镜。测试结果表明,在 - 40～+ 80 ℃ 范围内,EDFS 平均波长的稳定性达到了 10 ppm,FOG 的零偏稳定性达到了 0.01°/h。

美国的相关人员也详细研究了 EDFS。他们在单程后向 EDFS 的输出端加入了长周期光纤光栅以补偿掺铒光纤本征温度特性对超荧光平均波长的影响,实现了 EDFS 平均波长相对于温度的变化低于 1 ppm 的目标,从而使采用 EDFS 的 FOG 能够应用于惯导系统中。1999 年报道了一种采用了两级放大结构的 EDFS,该类型的光源可以输出 140～220 mW

的功率,18～28 nm 的谱宽,平均波长稳定性在 1～10 ppm。同年也报道了一种基于光纤放大器的新颖结构的 EDFS,其输出谱宽达到了 80 nm。1999 年美国海军研究院和 Honeywell 公司签订了"6.2 HIFOG"研制合同,Honeywell 公司提出了"高级发展型 IFOG"的系统方案,完成了两轮样机研制,并且均采用了大功率的 EDFS 作为光源。在第二轮的样机中还采用了"集成光路的分束器"并改进了光源的噪声抑制网络,有效降低了陀螺的随机游走系数。2001 年,EDFS 的偏振态问题被提出并有了一些基础的研究,一些偏振光源被研制出来,提高了 EDFS 的转换效率。研制的偏振型 EDFS 的效率达到了 75%,输出消光比超过 17.5 dB。

　　综上所述,国外对掺铒光纤光源的研究比较全面,但是在 2000 年以后相关技术报道已经很少,表明国外光纤光源的技术已趋于成熟。国内对掺铒光源的研究起步较晚,但也取得了很大进展。

　　上海光学精密机械研究所是国内最早对掺铒光纤光源展开研究的单位,他们根据激光原理试制成功了大功率的掺铒光纤激光器。长春应用化学研究所则主要研究了铒离子在光纤中的掺杂技术。现在国内很多研究机构已能够生产输出功率大于 10 mW、光谱宽度在 25 nm 以上的掺铒光纤光源。沈林放和钱景仁在国内首先试制成功了 EDFS,他们采用双程后向结构,测试的光谱宽度为 20 nm,出纤功率达到了 8 mW。郭小东、乔学光等人在 2004 年用 980 nm 激光器泵浦,得到了输出功率在 31.74 mW 的 EDFS。王秀琳用 1 480 nm 激光器泵浦,分别采用单级和双级结构得到了输出功率为 13.7 dBm、谱宽为 38 nm 的 L 波段的 EDFS 和 C+L 波段的 EDFS。高伟清等人报道了一种利用 1 480 nm 和 980 nm 双向泵浦的光源,谱宽达到了 C+L 波段的 EDFS,其出纤功率达到了 28.5 mW。国防科技大学的肖瑞等人研究了铒离子的数值物理模型,得到了功率为 8 mW、谱宽为 31.5 nm 的 EDFS。

　　国内对 EDFS 的结构也进行了多方面的研究。郭小东等人提出了在前向结构 EDFS 的前端输出处加上用 3 dB 耦合器制作的光纤圈反射镜来组成双程后向结构的 EDFS,实现了输出谱宽为 31.58 nm、输出功率为 7.679 mW 的具有高平坦化光谱的光源。黄文财等搭建了双程后向的光源,使 EDFS 的输出功率达到了 26 mW。陈登鹏等人提出了采用双级结构设计 EDFS,输出功率达到了 8 mW,谱宽达到了 31.5 nm。强则煊提出了三级结构来实现 L 波段 EDFS 光源,满足了通信领域的需求。

何巍等人抽运改为泵浦两级掺铒光纤,10%改为泵浦光用于后向调控 C 波段,90%改为泵浦光用于前向调控 L 波段,光谱综合后的平坦度得到提高。燕山大学 CHEN 等人采用前向抽运,调节单级掺铒光纤的长度使之略长于饱和长度,获得了平坦度优化的 ASE 光谱。郝蕴琦等人利用光纤型反射镜提高光源转换效率,在输出端采用掺铒光纤作为滤波器,吸收 C 波段波峰,以抬高 L 波段,增加了可用带宽。

从国内的研究来看,大量的研究集中于 EDFS 光谱的拓宽和输出功率的提高上,这在通信领域是很有必要的。但是对能用于光纤传感领域具有高稳定性的 EDFS 研究较少,研究方式仍旧是围绕光纤长度、泵浦源等几个方面来进行的。光源输出功率的稳定性主要取决于泵浦源的稳定性,而泵浦源的稳定取决于驱动电路和温控电路的控制效果,这些技术已较为成熟。光源稳定性的焦点集中于光源的平均波长的稳定性。在对掺铒光纤光源平均波长的稳定性上,闫晓琴等提出了通过优化掺铒光纤长度以提高 EDFS 的稳定性以及光谱宽度,得到了热温度系数为 ±5 ppm 的 EDFS。接着他们研究了泵浦功率对掺铒光纤光源平均波长稳定性的影响,得到了 −6.5 ppm/mW 的影响系数。理论上在将泵浦稳定在 0.1 mW 就可以得到恒温下极为稳定的 EDFS 光源。Hee Gap 等人用实验方法测试光源平均波长的温度特性模型,给出了拟合的估算公式,在实验条件下将光源波长稳定性提高到 ±0.5 ppm。杨利等人也在实验的基础上提出了一些稳定光源的措施。

2017 年,西藏民族大学利用长周期光栅外部增益平坦技术,实现了 SFS 的光谱平坦化。2020 年,北京控制工程研究所研究了不同铒纤长度下的 SFS 光源功率和偏振度,实现了平均波长随温度 $5.9 \times 10^{-6}/℃$ 的变化量,减小了泵浦功率对平均波长的影响。上海傲世控制科技股份有限公司基于双程后向结构的超辐射掺铒光纤光源设计了一种高温度稳定性的掺铒光纤光源,分析了在泵浦功率一定、铒纤长度为 5 m 的情况下,光源可能具有最佳的全温光谱稳定性和功率稳定性。

在对光源结构进行研究的同时,对掺铒光纤本身的结构、制备方法、耦合方式等方面也进行了广泛深入的研究,这对掺铒光纤光源和掺铒光纤放大器性能的提升有了极大的促进。LENARDIC 等人提出了基于 MCVD 的稀土螯合物气相沉积技术,该技术制成的掺稀土光纤不仅 OH⁻ 含量低,并且铒离子分布均匀。2014 年,ANUAR 等人使用该制备技术实现了 Er^{3+} 和 Al^{3+} 的共同掺杂,并且完成 4 层芯层的沉积,证明了该制备技术能够实现纤芯的多层沉积,可用于生产大芯径掺铒光纤。2022 年华中科技大学武汉光电国家研究中心采用改进的化学气相沉积(MCVD)工艺及液相掺杂法制备了掺铒预制棒,同时结合打孔法对套管进行加工,设计并拉制出结构均匀的七芯掺铒光纤。利用熔融拉锥光纤束型扇入/扇出器件实现了光在单芯光纤与多芯光纤间的耦合,并采用独立纤芯泵浦的方式搭建了七芯掺铒光纤放大器,提升了 7 根纤芯的放大性能和增益均衡特性。2022 年中国电子科技集团公司第四十六研究所采用螯合物气相沉积法制备了 Al - Er 共掺和 Al - Ge - Er 共掺两种掺铒光纤,提高了光纤的吸收系数。合理的光纤结构、纤芯环形分布、内包层折射率凹陷等可以提升泵浦效率,降低对泵浦光功率的要求,也便于对泵浦稳定等工作状态的控制。北京交通大学设计了能够有效抑制模间串扰的异质结构多芯少模光纤。

光纤的优化长度本质上取决于光纤中铒离子的数量,光纤不同其最优长度也不同,且其转换效率也不同,故只有光纤长度不足以描述光源的波长特性。EDFS 的温度特性本质上缘于铒离子的玻尔兹曼统计特性以及铒离子在硅基质中的非均匀展宽,需要从机理上分析清楚。EDFS 偏振现象极为重要,其不但影响光源的稳定性,还会因为光源与 Y -波导偏振轴耦合时存在角度差使光谱形状被调制,从而降低光纤陀螺的灵敏度。其实对于光纤陀螺而言,光纤放大器光源具有广阔的应用前景。从国内外光源研究进展可以看出,掺铒光纤光源的功率、平均波长稳定性、偏振等指标是关键指标,是光源研究与设计中所要重点解决的问题。

1.4 本书内容框架

本书以掺铒光纤的掺杂特性、温度特性、偏振特性以及结构特点对掺铒光纤光源的影响为研究重点,在参考和分析了大量国内外有关掺铒光纤光源技术文献的基础上,结合实际研究,从以下几个方面展开。

① 分析掺杂在光纤中的铒离子的发光机理和能级结构;通过对 1 550 nm、980 nm、1 480 nm 波段光波在掺铒光纤中传输模式的分析,讨论 EDFS 两个常用泵浦带的优缺点;分析 EDFS 几种基本结构的输出特性和 EDFS 的理论模型和功率传输方程。

② 从激光器的基本原理出发,对泵浦激光器的功率控制和温度控制进行分析,并提出泵浦源驱动电路的总体设计,具体分为恒流驱动、功率控制、温度检测与温度控制四个部分,采用 FPGA 作为控制芯片实现具体控制规律。

③ 研究铒离子掺杂特性对 EDFS 泵浦光转换效率、发光光谱性能的影响以及铒离子团簇效应导致的上转换模型。根据掺杂方法的特点,提出铒离子在光纤中的分布函数,建立铒离子对存在概率模型。通过实验和仿真分析确定了掺铒光纤中铒离子的最佳掺杂浓度。研究铒离子掺杂浓度与荧光俘获效应对 EDFS 光谱特性的影响。

④ 研究温度对 EDFS 光谱的影响。分析掺铒光纤内部的温度分布、泵浦光热能引起的温度变化以及掺铒光纤内部的温度场分布模型。研究铒离子占据各次能级的概率随温度变化,用吸收截面和辐射截面衡量其变化关系。基于铒离子吸收截面和辐射截面的温度特性,建立 EDFS 光谱的温度模型和简化数值模型,仿真表明该温度模型能够较好地反映 EDFS 的温度特性。

⑤ 基于硅基光纤中的铒离子的各向异性设定了离子的偏振物理模型,将铒离子截面由三维参量简化为二维参量,修正铒离子的吸收截面、辐射截面以及铒离子的速率方程以及 EDFS 在考虑偏振效应时的增益模型和自发辐射模型,用以分析偏振效应对 EDFS 的影响。仿真和实验分析表明,所建模型能够很好地预测 EDFS 中的增益偏振效应。提出偏振态稳定的无偏 EDFS 光源构型方案,通过 Lyot 消偏器对泵浦光的进行消偏,消除增益偏振效应对平均波长的影响。

⑥ 通过分析光纤放大器光源的放大特性,利用噪声理论推导其噪声指数模型。根据光纤放大器光源的结构特点,设计双向泵浦的带 Lyot 消偏器的光纤放大器光源,提高光纤放大器光源的光谱宽度,通过优化光纤

参数并采用温度模型估算,提高光纤放大器光源在全温度范围内的平均波长稳定性。研究光纤放大器光源与 FOG 的耦合技术,提出时分复用调制解调方案,提高系统的检测速度和检测精度,并利用冗余的接口采用相减法抑制光源强度噪声,降低 FOG 的随机游走系数。

本章小结

　　本章回顾了光纤陀螺的发展,分析了光源功率、光谱、波长稳定性对光纤陀螺精度和性能的影响,分析了各类型光源的优缺点,阐述本书的研究意义。从泵浦、结构、光纤制备等多个角度分析了掺铒光纤光源的发展现状,分析了光源的关键技术以及研究方向。

第2章 光纤光源基础理论

EDFS 以掺铒光纤作为增益介质,铒是稀土元素的一种,特殊的能级结构决定了铒在光子技术中的应用。光纤中铒离子的吸收特性和辐射特性决定了光源的输出特性以及合理的光源结构。EDFS 产生的光是放大的自发辐射,介于自发辐射与激光之间,其基本原理与激光相同。功率传输方程是描述 EDFS 输出特性的基本模型,EDFS 由光纤放大器发展而来,其功率传输方程可以借鉴 EDFA 的推导过程。本章详细分析了 EDFS 的基础理论:铒离子的能级结构、吸收辐射特性,光波在掺铒光纤中的传输特性,EDFS 的基本原理、结构及理论模型,为后续研究奠定基础。

2.1 EDFS 基本原理

EDFS 的工作原理与 EDFA 相同,主要有增益介质和泵浦系统两部分,与激光器不同的是没有光学谐振腔。EDFS 的基本结构如图 2.1 所示,包括掺铒光纤、泵浦源和无源元件。其中掺铒光纤是增益介质;泵浦源是某一频段的激光器,用于提供激励光子;无源元件是指光学波分复用器,用于耦合泵浦光进入掺铒光纤,并在输出端将 ASE 和泵浦光分开。

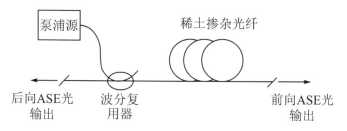

图 2.1 EDFS 的基本原理

半导体激光器一般用作泵浦源,提供某一波段的泵浦光。波分复用器将泵浦光耦合进掺铒光纤中,铒纤中的铒离子由于吸收了泵浦光的能量而由低能级跃迁到高能级。由于高能级不稳定,铒离子会跃迁回到低能级,同时辐射另一波段的光子。当耦合进入掺铒光纤的泵浦光功率较低时,铒离子在高能级和低能级上的粒子数分别为 N_2,N_1,正常分布满足 $N_2 <$ N_1,且掺铒光纤中会产生少量的自发辐射荧光光子。当持续增强泵浦功率,高能级粒子数 N_2 增加,自发辐射荧光光子增加,铒离子间的相互作用增强。当 $N_2 > N_1$ 以后,单个铒离子的自发跃迁逐渐变为很多铒离子协调一致的受激跃迁,相当于铒离子的自发辐射被掺铒光纤放大,形成放大的自发辐射。泵浦光继续增强,放大的自发辐射也随之加强,形成超荧光。当泵浦光足够强时,掺铒光纤中产生的辐射增益超过损耗,会发生自激振荡,形成激光,这是 EDFS 要避免的情况。

2.2　稀土元素发光机理

　　超荧光与激光产生的原理相同,可以看作是未经选频的宽谱弱激光。激光产生的原理是在增益介质的两个能级之间诱发粒子数反转,在此过程中包括 3 个相互竞争的过程:自发辐射、受激辐射与受激吸收,其过程如图 2.2 所示。

图 2.2　两能级离子的跃迁

　　自发辐射的光子数与高能级粒子数 N_2 成正比。受激辐射由外来光子激发并与占据高能级 E_2 的粒子数 N_2 成正比,其辐射的光子频率与入射光子相同。受激吸收同样需要外来光子的激发,发生的概率与占据低能级 E_1 的粒子数 N_1 成正比。一束光经过增益介质的增益或者损耗的程度取决于发生受激辐射与受激吸收粒子数的数量差别。当 E_2 能级的粒子数远大于 E_1 能级的粒子数即实现粒子数反转 $N_2 > N_1$,由受激辐射占主导时,表现为信号的增强。增益介质的选取标准取决于介质可获得的能级数量以及是否容易发生粒子数反转。许多元素的离子具有较长寿命的高能级（即亚能级），并且在亚能级上能够优先辐射衰变到较低能级上。每种稀土元素的能级结构不同，辐射的光子频率也多种多样。表 2.1 简要列举了几种广泛应用的稀土元素所能辐射的主要光波长。铒离子因为具有合理的能级结构及 1 550 nm 的辐射波长而被广泛应用于光纤通信与光纤传感领域。

表 2.1　常用稀土元素发光波长

稀土元素	镱	钕	钐	铒	铥
辐射波长/nm	974 1 009 1 063	900 1 060 1 300	650	1 550	2 000

2.3　光纤中铒离子能级结构分析

铒可以通过改进的化学气相沉积法（MCVD）掺杂在光纤中。硅基光纤中的铒离子能级结构如图 2.3 所示。铒离子的原有能级在光纤中发生 Stark 分裂，全部被分裂为一系列的次能级，其简并度受 Stark 分裂和磁偶极子的影响而发生了变化。能够辐射 1 550 nm 波长光子的跃迁发生在基态 ${}^4I_{15/2}$ 能级与亚稳态 ${}^4I_{13/2}$ 能级之间（下标 15/2 是基态能级的总角动量 J，表征了在本能级简并的次能级数量为 $2J+1$）。由于研究主要集中于从 ${}^4I_{15/2}$ 到 ${}^4I_{11/2}$ 的能级，所以在图 2.3 中详细绘制了这部分能级结构，每条线条代表两个次能级。在图 2.3 中，离子占据每个能级的时间都不同，以占据 ${}^4I_{13/2}$ 能级的时间最长，仅次于基态，称之为亚能级，正是因为在此能级的时间较长，才有可能发生粒子数反转，从而产生受激辐射跃迁。

图 2.3 中显示铒离子的泵浦带有 525 nm、650 nm、800 nm、980 nm、1 480 nm。所有这些泵浦带都会产生激发态吸收（Excited State Absorption，ESA）。ESA 是指离子在高能级吸收泵浦光被泵浦到更高的能级上去，如图 2.3 中的虚线所示。ESA 严重浪费了泵浦光的光子，从而影响光源的效率。在实际应用中，525 nm 和 650 nm 泵浦的效率很低，不宜用于激光器的制作与集成。800 nm 因存在严重的 ESA 而致使泵浦效率很低，也不宜采用。980 nm 与 1 480 nm 泵浦时虽然也存在着较小的 ESA 效

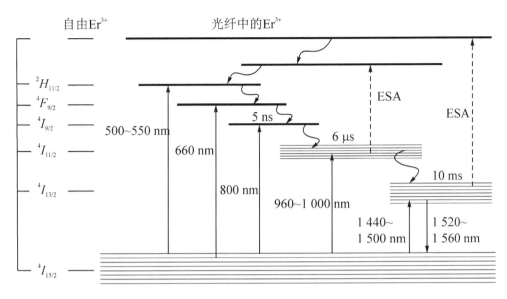

图 2.3　铒离子能级结构

应,但是因其具有较高的泵浦效率和成熟的激光器制作技术而成为最适宜的泵浦光。

正是铒离子在硅基光纤中因 Stark 分裂而产生的能级展宽效应,才使掺铒光纤能够成为宽谱光源的增益介质。在能级 $^4I_{13/2}$ 与 $^4I_{15/2}$ 之间辐射的光子频率范围较大,光谱的宽度在 30~40 nm。图 2.4 揭示了铒离子在两个能级之间的吸收截面和辐射截面。吸收截面表征的是从 $^4I_{15/2}$ 各次能

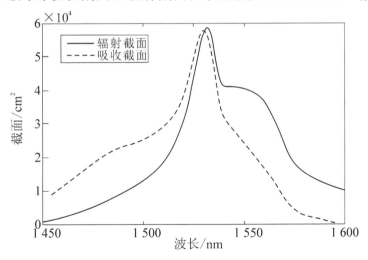

图 2.4　铒离子截面

级跃迁到 $^4I_{13/2}$ 各次能级的可能性;辐射截面表征的是 $^4I_{13/2}$ 各次能级跃迁到 $^4I_{15/2}$ 各次能级的可能性。

2.4　掺铒光纤中的光波传输分析

掺铒光纤只是在光纤的纤芯部分掺杂了一定浓度的铒离子,所以其传输特性与未掺杂离子的普通光纤是相同的,泵浦光与信号光的波长相差较大,故它们在掺铒光纤中的传输特性具有较大差异。掺铒光纤中光波的传输必须在纤芯与包层的边界处满足 Bessel 函数的边界条件。这可以通过光纤的 V 数来界定,其计算公式为

$$V = \frac{2\pi a}{\lambda_0}(n_1^2 - n_{21}^2)^{1/2} = \frac{2\pi a}{\lambda_0}NA \approx \frac{2\pi a}{\lambda_0}(2n_1\Delta n)^{1/2} \quad (2-1)$$

式中,a 为光纤纤芯半径;λ_0 为光纤中传输的光波长;n_1 为纤芯折射率;n_2 为包层折射率;NA 为光纤的数值孔径;Δn 为纤芯与包层的折射率差。当 $V < 2.405$ 时,光纤是单模的。单模光纤中有两种模式,即正交的两个偏振态的传输模式。为了消除模式耦合和模态色散,提高掺铒光纤光源或者EDFA 的稳定性和效率,掺铒光纤被制作成对 1 550 nm 波段的光是单模的。

光波在光纤中传输时的功率分布可以由 Bessel 函数描述,在弱导结构中一般可以用高斯函数来近似。单模光纤中只有 LP_{01} 模式,其 TEM_{00} 近似为

$$I(a) = \frac{P}{\pi w^2}e^{-\frac{a^2}{w^2}} \quad (2-2)$$

式中,w 为 LP_{01} 模式的光点直径;P 为该模式中的光功率。

当 EDFS 采用 980 nm 泵浦时,光纤可能是多模的,则存在 LP_{11} 模式,其计算公式为

$$I(a) = \frac{P}{\pi w^2}\left(\frac{a^2}{w^2}\right)e^{-\frac{a^2}{w^2}} \quad (2-3)$$

掺铒光纤参数选定之后可以计算出不同波长的光波在掺铒光纤中的功率分布情况,在 1 550 nm 单模的情况下,$a = 2.2~\mu m$,$NA = 0.2$,纤芯折射率为 1.422 8,$\Delta n = 0.014$。980 nm,1 480 nm,1 550 nm 的光点直径经

测量分别为 $1.50~\mu m$, $2.00~\mu m$, $2.09~\mu m$, 可以得到两个泵浦波段和信号波段在光纤中的光功率分布, 如图 2.5 所示。980 nm 的光波在掺铒光纤中存在两个传输模式: LP_{01} 和 LP_{11}, 而 1 480 nm 与 1 550 nm 的波长相近, 都只有一个传输模式 LP_{01}。

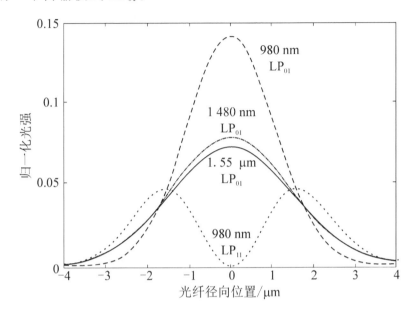

图 2.5　980 nm、1 480 nm 和 1.55 μm 波段光波功率的光纤径向分布

1 480 nm 波段的泵浦光相对于 980 nm 的泵浦光而言具有较高的效率。同时由于 980 nm 存在两个模式, 其两个模式的传输速率和传输损耗都不相同, 当两个模式彼此间相互耦合时会引起泵浦总功率的波动, 而泵浦功率的波动必然导致 EDFS 平均波长的不稳定, 这也是采用 980 nm 泵浦的弊端所在。虽然可以通过减小掺铒光纤的纤芯半径或者数值孔径来将 980 nm 的 V 数降低到 2.4 以下, 但是此时 1 550 nm 的 V 数已经降低到了 1.5 以下, 这意味着 1 550 nm 的光在光纤中的弯曲损耗增加了 50%。

980 nm 与 1 480 nm 泵浦带的优缺点比较:

① 产生同样功率的泵浦光, 980 nm 激光器比 1 480 nm 的激光器消耗更少的电流;

② 产生相同功率的 ASE 光, 1 480 nm 泵浦带所消耗的功率, 相对于 980 nm 泵浦带更少;

③ 产生同样的 ASE 光谱, 980 nm 所用的掺铒光纤长度比 1 480 nm

更短;

④ 大功率泵浦时,980 nm 泵浦带的 ESA 效应明显,光纤变成绿色;

⑤ 1 480 nm 在掺铒光纤中是单模传输,而 980 nm 则是多模传输,采用 1 480 nm 泵浦更能保证 EDFS 的稳定性。

综上,1 480 nm 泵浦带更适合被用来泵浦掺铒光纤光源,由于电子技术相对于光子技术更加成熟,容易制作出较大功率的稳恒电流源从而使泵浦激光器稳定工作,提高 EDFS 的输出特性。而 980 nm 的激光器即使稳定工作,也需要在光纤中采取相应措施控制其多种模式间的耦合带来的不稳定,这在目前是难以实现的。

2.5 EDFS 的基本结构分析

EDFS 已经发展出多种结构,根据各种结构的共同点可以分为 6 种基本结构,如图 2.6 所示。

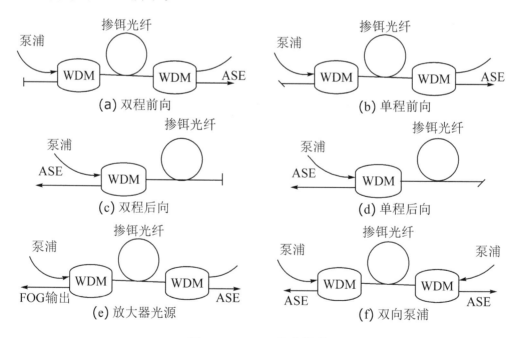

图 2.6 EDFS 基本结构

按照 EDFS 输出的 ASE 光的传播方向可以分为前向结构和后向结构。前向结构是指 ASE 光与泵浦光在掺铒光纤中的传播方向相同,如

图 2.6(a) 和 (b) 所示；后向结构是指 ASE 光与泵浦光在掺铒光纤中的传输方向相反，如图 2.6(c) 和 (d) 所示。根据远离 ASE 光出射端的远端是否具有反射可将 EDFS 分为单程结构和双程结构。单程是指远端无反射，只有一个方向的 ASE 被利用，如图 2.6(b) 和 (d) 所示；双程是指远端有反射，前向和后向的 ASE 光都被利用，如图 2.6(a) 和 (c) 所示。这四种基本结构的光源可以级联在一起组成多级结构，从而提供具有更宽谱宽的光源，但是随着结构复杂程度的提高，光源的稳定性不易得到控制，所以级联结构在光纤传感领域应用较少。图 2.6(e) 所示为掺铒光纤放大器光源，其结构比较特殊，光源的两端均为输出，一端是产生信号源的光源，另一端是被放大的陀螺信号，被放大的陀螺信号更易被检测，检测精度也被提高，这种结构的光源提高了掺铒光纤的利用率，极具发展潜力。图 2.6(f) 所示为双向泵浦结构，该结构在掺铒光纤两端同时泵浦，可以通过调整两端泵浦的比例对 EDFS 的参数进行控制。这几种结构 EDFS 的优缺点如表 2.2 所列。

表 2.2　不同 EDFS 的特点

EDFS 结构	优　　点	缺　　点	应用场合
单程前向 （SPF）	不易发生激光振荡	输出功率小； 谱宽窄	低精度 FOG
双程前向 （DPF）	热稳定性好； 泵浦阈值低	易发生激光振荡； 谱宽窄	中低精度 FOG
单程后向 （SPB）	不易发生激光振荡； 光谱较宽	对光反馈敏感； 泵浦效率低	中等精度 FOG
双程后向 （DPB）	光谱较宽； 出纤功率高； 泵浦效率高	对光反馈敏感， 须加隔离器	中高精度 FOG
放大器光源 （FAS）	不易发生激光振荡； 放大陀螺信号； EDF 利用效率高； 泵浦阈值低	谱宽较窄； 与多轴陀螺耦合是难点； 对信号波动敏感	中高精度 FOG 闭环 FOG
双向泵浦	光谱宽； 输出功率高	多采用一个泵浦源或 耦合器，成本高	高精度 FOG

通过比较这几种光源的优缺点可以看出,后向结构的光源具有较好的光谱特性,加入隔离器后可以消除光反馈的影响,能够应用于高精度FOG,这也是目前采用较多的光源结构形式。FAS 光源与双向泵浦光源具有较多的优越性,是极具发展潜力的结构,本文将深入研究。

2.6　EDFS 理论模型的建立

由铒离子能级结构可以看出,铒离子由不同波长的激光泵浦时需要被看作是不同的能级系统,被 800 nm 的激光泵浦时可看作四能级系统,980 nm 的激光泵浦时可看作三能级系统(包括基态(低能态)、激发态(高能态)和泵浦态),被 1 480 nm 的激光泵浦时可看作二能级系统(此时激发态与泵浦态重合)。三能级系统中,无泵浦功率时,所有的离子处于基态;加载泵浦光后,离子吸收能量跃迁到泵浦态,但是离子在泵浦态存在的时间极短,会快速弛豫到激发态,以至于处于泵浦态的离子可以被忽略。此外,泵浦态和高能态的激发吸收因其吸收截面较小可以被忽略。同时,掺铒光纤对泵浦光来说可能存在多个传输模式,在建模的时候应该予以考虑。

在推导 EDFS 模型的过程中,需要考虑以下几个效应:
① ASE 光波的光谱对泵浦光功率的依赖性;
② ASE 光波的基态吸收和辐射;
③ 泵浦光的基态吸收;
④ 自发辐射;
⑤ 采用 980 nm 泵浦时的泵浦态激发吸收;
⑥ 掺铒光纤中存在的多个泵浦模式,影响泵浦的吸收速率和占据各能级的离子数密度;
⑦ 泵浦光子激发辐射,尤其采用 1 480 nm 光泵浦时,由于泵浦态与激发态重合,相当于泵浦态被长时间占据,那么就有几率从泵浦态受激辐射出与泵浦光同频率的光子。

2.6.1　980 nm 泵浦时 EDFS 的功率传输方程

一般将铒离子在硅基质中的能级展宽看作是均匀展宽,假设铒离子在

整个光纤纤芯中沿轴向的分布是均匀的,可以将整个光纤中铒离子的状态表示出来,得

$$N_d\xi(r) = n_1(r,\theta,z) + n_u(r,\theta,z) + n_p(r,\theta,z) + n_{gr}(r,\theta,z)$$

$$(2-4)$$

式中,N_d 为光纤中能够自由跃迁的铒离子的平均密度,也可用离子总数表示;$n_1(r,\theta,z)$ 为处于基态的离子数密度;$n_u(r,\theta,z)$ 为处于激发态的离子数密度;$n_p(r,\theta,z)$ 为处于泵浦态的离子数密度;$n_{gr}(r,\theta,z)$ 为激发态吸收跃迁到 545 nm 能级的离子数密度。

$\xi(r)$ 是光纤径向掺杂区域的归一化,有

$$\iint \xi(r)r\,\mathrm{d}r\,\mathrm{d}\theta = 1 \qquad (2-5)$$

事实上,545 nm 激发态的离子数很小,在一些计算中可忽略。但是在大功率泵浦时,这是需要考虑的状态,因为大功率泵浦时,绿色荧光效应极为明显。

速率方程在激光理论中用于描述增益介质中处于各能级状态的离子数密度随时间的变化情况。所要用到的参数如下:ν_s 表示 ASE 光频率,ν_p 表示泵浦频率,$S_s(z,\nu_s)$ 表示信号功率谱密度,$S_p(z,\nu_p)$ 表示泵浦光功率谱密度,$\sigma_{pa}(\nu_p)$ 表示泵浦基态吸收截面,$\sigma_{pe}(\nu_p)$ 表示泵浦光发射截面,$\sigma_{esap}(\nu_p)$ 表示泵浦光在泵浦态发生激发态吸收的截面,$\sigma_{esau}(\nu_p)$ 表示泵浦光从高能态发生激发态吸收的截面,$\sigma_e(\nu_s)$ 表示 ASE 光受激辐射截面,$\sigma_a(\nu_s)$ 表示 ASE 光激发吸收截面,τ_u 表示高能级离子自发辐射寿命,τ_p 表示泵浦态离子自发辐射寿命,τ_{gr} 表示绿荧光激发态自发辐射寿命。$\varphi_p(r,\theta)$ 和 $\varphi_s(r,\theta)$ 分别表示泵浦和 ASE 光的径向分布,其归一化方程为

$$\left.\begin{array}{l} \iint \varphi_p(r,\theta)r\,\mathrm{d}r\,\mathrm{d}\theta = 1 \\[2mm] \iint \varphi_s(r,\theta)r\,\mathrm{d}r\,\mathrm{d}\theta = 1 \end{array}\right\} \qquad (2-6)$$

在明确了以上物理量的符号后,980 nm 泵浦时的速率方程分别用于描述各能级离子数的变化,为

$$\frac{\mathrm{d}n_1(r,\theta,z)}{\mathrm{d}t} = -\left[W_{pa}(r,\theta,z) + W_s(r,\theta,z) - W_{se}(r,\theta,z)\right]n_1(r,\theta,z) +$$

$$\left[W_{\text{se}}(r,\theta,z)+\frac{1}{\tau_{\text{u}}}\right]n_{\text{u}}(r,\theta,z)+$$

$$W_{\text{pe}}(r,\theta,z)n_{\text{p}}(r,\theta,z)$$

$$(2-7)$$

$$\frac{\mathrm{d}n_{\text{u}}(r,\theta,z)}{\mathrm{d}t}=\left[W_{\text{s}}(r,\theta,z)-W_{\text{se}}(r,\theta,z)\right]n_1(r,\theta,z)-$$

$$\left[W_{\text{se}}(r,\theta,z)+W_{\text{esa}}(r,\theta,z)+\frac{1}{\tau_{\text{u}}}\right]n_{\text{u}}(r,\theta,z)+$$

$$\frac{1}{\tau_{\text{p}}}n_{\text{p}}(r,\theta,z)$$

$$(2-8)$$

$$\frac{\mathrm{d}n_{\text{p}}(r,\theta,z)}{\mathrm{d}t}=W_{\text{pa}}(r,\theta,z)n_1(r,\theta,z)+W_{\text{esa}}(r,\theta,z)n_{\text{u}}(r,\theta,z)-$$

$$\left[W_{\text{gr}}(r,\theta,z)+W_{\text{pe}}(r,\theta,z)+\frac{1}{\tau_{\text{p}}}\right]n_{\text{p}}(r,\theta,z)\quad(2-9)$$

$$\frac{\mathrm{d}n_{\text{gr}}(r,\theta,z)}{\mathrm{d}t}=W_{\text{gr}}(r,\theta,z)n_{\text{u}}(r,\theta,z)-\frac{1}{\tau_{\text{gr}}}n_{\text{gr}}(r,\theta,z)\quad(2-10)$$

式中,W_{se},W_{s},W_{pe},W_{pe},W_{esa},W_{gr} 分别代表离子在各能级间的跃迁几率,它们可以用式(2-11)~式(2-16)得到,即

$$W_{\text{se}}(r,\theta,z)=\varphi_{\text{s}}(r,\theta)\int_{\Delta\nu_{\text{s}}}\sigma_{\text{e}}(\nu_{\text{s}})\frac{S_{\text{s}}(z,\nu_{\text{s}})}{h\nu_{\text{s}}}\mathrm{d}\nu_{\text{s}}\quad(2-11)$$

$$W_{\text{s}}(r,\theta,z)=\varphi_{\text{s}}(r,\theta)\int_{\Delta\nu_{\text{s}}}\left[\sigma_{\text{a}}(\nu_{\text{s}})+\sigma_{\text{e}}(\nu_{\text{s}})\right]\frac{S_{\text{s}}(z,\nu_{\text{s}})}{h\nu_{\text{s}}}\mathrm{d}\nu_{\text{s}}\quad(2-12)$$

$$W_{\text{pa}}(r,\theta,z)=\varphi_{\text{p}}(r,\theta)\int_{\Delta\nu_{\text{p}}}\sigma_{\text{pa}}(\nu_{\text{p}})\frac{S_{\text{p}}(z,\nu_{\text{p}})}{h\nu_{\text{p}}}\mathrm{d}\nu_{\text{p}}\quad(2-13)$$

$$W_{\text{pe}}(r,\theta,z)=\varphi_{\text{p}}(r,\theta)\int_{\Delta\nu_{\text{p}}}\sigma_{\text{pe}}(\nu_{\text{p}})\frac{S_{\text{p}}(z,\nu_{\text{p}})}{h\nu_{\text{p}}}\mathrm{d}\nu_{\text{p}}\quad(2-14)$$

$$W_{\text{esa}}(r,\theta,z)=\varphi_{\text{p}}(r,\theta)\int_{\Delta\nu_{\text{p}}}\sigma_{\text{esau}}(\nu_{\text{p}})\frac{S_{\text{p}}(z,\nu_{\text{p}})}{h\nu_{\text{p}}}\mathrm{d}\nu_{\text{p}}\quad(2-15)$$

$$W_{\text{gr}}(r,\theta,z)=\varphi_{\text{p}}(r,\theta)\int_{\Delta\nu_{\text{p}}}\sigma_{\text{esap}}(\nu_{\text{p}})\frac{S_{\text{p}}(z,\nu_{\text{p}})}{h\nu_{\text{p}}}\mathrm{d}\nu_{\text{p}}\quad(2-16)$$

铒离子占据高于泵浦能级的能级态的时间极短,所以发生激发态吸收

的铒离子会快速弛豫到较低的三个能级态,即激发态吸收只耗费泵浦功率,而不辐射出其他波长的光子。为了求解上述方程,定义光源稳态:在掺铒光纤内部铒离子在各能级包括次能级上的分布数恒定(动态平衡)。其外部条件为泵浦源及环境温度稳定。在稳态时,速率方程可以被解出来,得

$$n_1(r,\theta,z) = N_d \xi(r) \frac{A(r,\theta,z) + B(r,\theta,z)}{C(r,\theta,z) + D(r,\theta,z)} \tag{2-17}$$

$$n_p(r,\theta,z) = N_d \xi(r) \frac{E(r,\theta,z) + D(r,\theta,z) - B(r,\theta,z)}{C(r,\theta,z) + D(r,\theta,z)}$$
$$\tag{2-18}$$

$$n_u(r,\theta,z) = N_d \xi(r) - n_1(r,\theta,z) - n_p(r,\theta,z) \tag{2-19}$$

$$n_{gr}(r,\theta,z) \approx \tau_{gr} W_{gr}(r,\theta,z) n_p(r,\theta,z) \tag{2-20}$$

式中,A,B,C,D 和 E 均是过渡系数,具体表示形式如下:

$$A(r,\theta,z) = \left[W_{se}(r,\theta,z) + \frac{1}{\tau_u} \right] \left[W_{pe}(r,\theta,z) + \frac{1}{\tau_p} \right] \tag{2-21}$$

$$B(r,\theta,z) = W_{esa}(r,\theta,z) W_{pe}(r,\theta,z) \tag{2-22}$$

$$C(r,\theta,z) = \left[W_s(r,\theta,z) + \frac{1}{\tau_u} \right] \left[W_{pe}(r,\theta,z) + \frac{1}{\tau_p} \right] +$$
$$W_{pa}(r,\theta,z) \left[W_{se}(r,\theta,z) + \frac{1}{\tau_p} + \frac{1}{\tau_u} \right] \tag{2-23}$$

$$D(r,\theta,z) = W_{esa}(r,\theta,z) [W_{pe}(r,\theta,z) + W_{pa}(r,\theta,z) +$$
$$W_s(r,\theta,z) - W_{se}(r,\theta,z)] \tag{2-24}$$

$$E(r,\theta,z) = \left[W_{se}(r,\theta,z) + \frac{1}{\tau_u} \right] W_{pa}(r,\theta,z) \tag{2-25}$$

在掺铒光纤中,信号和泵浦功率的本征模式不同,对于 1 550 nm 的信号光其光纤是单模的,对于 980 nm 的泵浦光来说则是多模的。在上面的公式中,功率都是所有模式中的总功率,由于各个模式中功率的传输都是独立的,为了简化,可以将多模传输的光看作是单模的线性叠加。那么在光纤中,ASE 光功率、泵浦光功率和绿荧光功率的传输方程表示为

$$\frac{dS_s^{\pm}(z,\nu_s)}{dz} = \pm [\gamma_s(z,\nu_s) S_s^{\pm}(z,\nu_s) + \gamma_{es}(z,\nu_s) 2h\nu_s] \tag{2-26}$$

$$\frac{\mathrm{d}S_{\mathrm{p},i}(z,\nu_{\mathrm{p}})}{\mathrm{d}z} = -\gamma_{\mathrm{p},i}(z,\nu_{\mathrm{p}})S_{\mathrm{p},i}(z,\nu_{\mathrm{p}}) \tag{2-27}$$

$$\frac{\mathrm{d}S_{\mathrm{gr}}^{\pm}(z,\nu_{\mathrm{gr}})}{\mathrm{d}z} = \pm \left[\gamma_{\mathrm{sgr}}(z,\nu_{\mathrm{gr}})S_{\mathrm{gr}}^{\pm}(z,\nu_{\mathrm{gr}}) + \gamma_{\mathrm{egr}}(z,\nu_{\mathrm{gr}})2n_{\mathrm{gr}}h\nu_{\mathrm{gr}}\right]$$

$$\tag{2-28}$$

式中，$S_{\mathrm{s}}^{\pm}(z,\nu_{\mathrm{s}})$ 为信号光的功率谱密度；$S_{\mathrm{gr}}^{\pm}(z,\nu_{\mathrm{gr}})$ 为绿荧光的功率谱密度，正负号表示的是前向和后向光；$S_{\mathrm{p},i}^{\pm}(z,\nu_{\mathrm{p}})$ 为泵浦光在模式 i 时的功率谱密度。公式中的系数分别为

$$\gamma_{\mathrm{es}}(z,\nu_{\mathrm{s}}) = \sigma_{\mathrm{e}}(\nu_{\mathrm{s}})\iint_{\mathrm{core}} n_{\mathrm{u}}(r,\theta,z)\varphi_{\mathrm{s}}(r,\theta)r\mathrm{d}r\mathrm{d}\theta -$$

$$\sigma_{\mathrm{a}}(\nu_{\mathrm{s}})\iint_{\mathrm{core}} n_{1}(r,\theta,z)\varphi_{\mathrm{s}}(r,\theta)r\mathrm{d}r\mathrm{d}\theta \tag{2-29}$$

$$\gamma_{\mathrm{as}}(z,\nu_{\mathrm{s}}) = \sigma_{\mathrm{a}}(\nu_{\mathrm{s}})\iint_{\mathrm{core}} n_{1}(r,\theta,z)\varphi_{\mathrm{s}}(r,\theta)r\mathrm{d}r\mathrm{d}\theta \tag{2-30}$$

$$\gamma_{\mathrm{p},i}(z,\nu_{\mathrm{p}}) = \sigma_{\mathrm{pa}}(\nu_{\mathrm{p}})\iint_{\mathrm{core}} n_{1}(r,\theta,z)\varphi_{\mathrm{p},i}(r,\theta)r\mathrm{d}r\mathrm{d}\theta +$$

$$\sigma_{\mathrm{esau}}(\nu_{\mathrm{p}})\iint_{\mathrm{core}} n_{\mathrm{u}}(r,\theta,z)\varphi_{\mathrm{p},i}(r,\theta)r\mathrm{d}r\mathrm{d}\theta +$$

$$\sigma_{\mathrm{esap}}(\nu_{\mathrm{p}})\iint_{\mathrm{core}} n_{\mathrm{u}}(r,\theta,z)\varphi_{\mathrm{p},i}(r,\theta)r\mathrm{d}r\mathrm{d}\theta -$$

$$\sigma_{\mathrm{pe}}(\nu_{\mathrm{p}})\iint_{\mathrm{core}} n_{\mathrm{p}}(r,\theta,z)\varphi_{\mathrm{p},i}(r,\theta)r\mathrm{d}r\mathrm{d}\theta \tag{2-31}$$

$$\gamma_{\mathrm{sgr}}(z,\nu_{\mathrm{gr}}) = \sigma_{\mathrm{egr}}(\nu_{\mathrm{gr}})\iint_{\mathrm{core}} n_{\mathrm{gr}}(r,\theta,z)\varphi_{\mathrm{gr}}(r,\theta)r\mathrm{d}r\mathrm{d}\theta -$$

$$\sigma_{\mathrm{agr}}(\nu_{\mathrm{gr}})\iint_{\mathrm{core}} n_{1}(r,\theta,z)\varphi_{\mathrm{gr}}(r,\theta)r\mathrm{d}r\mathrm{d}\theta \tag{2-32}$$

$$\gamma_{\mathrm{egr}}(z,\nu_{\mathrm{gr}}) = \sigma_{\mathrm{egr}}(\nu_{\mathrm{gr}})\iint_{\mathrm{core}} n_{\mathrm{gr}}(r,\theta,z)\varphi_{\mathrm{gr}}(r,\theta)r\mathrm{d}r\mathrm{d}\theta \tag{2-33}$$

式中，ν_{gr} 为 545 nm 激发态的辐射频率；n_{gr} 为 545 nm 波段的光在光纤中传输的模式数；$\sigma_{\mathrm{agr}}(\nu_{\mathrm{gr}})$ 为 545 nm 波段基态吸收截面；$\sigma_{\mathrm{egr}}(\nu_{\mathrm{gr}})$ 为 545 nm 波段的辐射截面；$\varphi_{\mathrm{gr}}(r,\theta)$ 为绿荧光传输区域的归一化，$\iint\varphi_{\mathrm{gr}}(r,\theta)r\mathrm{d}r\mathrm{d}\theta = 1$。

泵浦吸收速率 $\gamma_p(z, \nu_p)$ 包括基态吸收、从高能级的激发态吸收和从泵浦态的激发态吸收。

2.6.2　1 480 nm 泵浦时 EDFS 的功率传输方程

对于 1 480 nm 泵浦来说,泵浦吸收只有基态吸收,但是由于泵浦态与高能态重合,所以泵浦激发辐射必须考虑。取与 980 nm 泵浦时同样的假设条件,可以得到有效能级粒子数的分布

$$N_d \xi(r) = n_1(r, \theta, z) + n_u(r, \theta, z) \tag{2-34}$$

忽略激发态吸收,1 480 nm 泵浦时的速率方程可以表示为

$$\frac{dn_1(r, \theta, z)}{dt} = -[W_{pa}(r, \theta, z) + W_s(r, \theta, z) - W_{se}(r, \theta, z)] n_1(r, \theta, z) +$$

$$\left[W_{se}(r, \theta, z) + W_{pe}(r, \theta, z) + \frac{1}{\tau_u} \right] n_u(r, \theta, z) \tag{2-35}$$

$$\frac{dn_u(r, \theta, z)}{dt} = [W_s(r, \theta, z) - W_{se}(r, \theta, z) + W_{pa}(r, \theta, z)] n_1(r, \theta, z) -$$

$$\left[W_{se}(r, \theta, z) + W_{pe}(r, \theta, z) + \frac{1}{\tau_u} \right] n_u(r, \theta, z) \tag{2-36}$$

在稳态条件下,对上面方程求解,可得

$$n_u(r, \theta, z) = N_d \xi(r) \frac{W_{pa}(r, \theta, z) + W_s(r, \theta, z) - W_{se}(r, \theta, z)}{W_{pa}(r, \theta, z) + W_s(r, \theta, z) + W_{pe}(r, \theta, z) + \dfrac{1}{\tau_u}}$$

$$\tag{2-37}$$

$$n_1(r, \theta, z) = N_d \xi(r) - n_u(r, \theta, z) \tag{2-38}$$

对于 1 480 nm 泵浦光来说,掺铒光纤也是单模的,同时,以泵浦波长的自发辐射与受激辐射相比,是可以忽略的,在此泵浦波段,泵浦光和信号光的功率传输方程为

$$\frac{dS_s^{\pm}(z, \nu_s)}{dz} = \pm [\gamma_{es}(z, \nu_s) S_s^{\pm}(z, \nu_s) - \gamma_{as}(z, \nu_s) S_s^{\pm}(z, \nu_s) +$$

$$\gamma_{es}(z, \nu_s) 2h\nu_s] \tag{2-39}$$

$$\frac{dS_p(z, \nu_p)}{dz} = -\gamma_p(z, \nu_p) S_p(z, \nu_p) \tag{2-40}$$

式中,系数 γ_{es},γ_{as} 和 γ_{p} 分别为

$$\gamma_{\mathrm{es}}(z,\nu_{\mathrm{p}})=\sigma_{\mathrm{e}}(\nu_{\mathrm{s}})\iint\limits_{\mathrm{core}}n_{\mathrm{u}}(r,\theta,z)\varphi_{\mathrm{s}}(r,\theta)r\mathrm{d}r\mathrm{d}\theta \qquad (2-41)$$

$$\gamma_{\mathrm{as}}(z,\nu_{\mathrm{p}})=\sigma_{\mathrm{a}}(\nu_{\mathrm{s}})\iint\limits_{\mathrm{core}}n_{\mathrm{l}}(r,\theta,z)\varphi_{\mathrm{s}}(r,\theta)r\mathrm{d}r\mathrm{d}\theta \qquad (2-42)$$

$$\gamma_{\mathrm{p}}(z,\nu_{\mathrm{p}})=\sigma_{\mathrm{pa}}(\nu_{\mathrm{p}})\iint\limits_{\mathrm{core}}n_{\mathrm{l}}(r,\theta,z)\varphi_{\mathrm{p}}(r,\theta)r\mathrm{d}r\mathrm{d}\theta -$$

$$\sigma_{\mathrm{pe}}(\nu_{\mathrm{p}})\iint\limits_{\mathrm{core}}n_{\mathrm{u}}(r,\theta,z)\varphi_{\mathrm{p}}(r,\theta)r\mathrm{d}r\mathrm{d}\theta \qquad (2-43)$$

上述公式中设定所有积分都只对纤芯进行积分,因为在掺铒光纤的制作过程中,最佳的目标是信号光、泵浦光和铒离子的掺杂区域完全重合,这样可以保证泵浦光被吸收得最充分,铒离子占满整个纤芯则可以达到最大重合面积。

2.7　EDFS 理论模型的简化

式(2-26)与式(2-39)不适用于计算机仿真,因为方程中的积分是对空间的三维积分并且包含对频率的积分。实际上,泵浦光的光谱都比较窄,可以被看作是单频的,从而简化方程。ASE 光的光谱可以被等分为 n 个区域,在每个区域也可以被看作是单频的。掺铒光纤的掺杂区域可以被简化为:轴向恒定,径向对称。假设泵浦光被耦合进入径向对称的本征模式,以避免对 θ 的依赖性。径向的不一致性可以通过将纤芯划分为 m 个不同的环形区域来解决,每个环形区域可以视为均匀掺杂。计算每个区域的离子数分布以及每个区域光子和信号光与泵浦光的相互作用,最后将所有环形区域的计算结果求和。环形区域的半径为

$$r_{\mathrm{ring},i}=\frac{r_{\mathrm{core}}\times i}{m} \qquad (2-44)$$

每个环形区域的面积为

$$A_{\mathrm{ring},i}=\pi(r_{\mathrm{ring},i}^{2}-r_{\mathrm{ring},i-1}^{2}) \qquad (2-45)$$

一根光纤的本征模式由 Bessel 函数关系所定义且比较复杂,可以用相同功率的高斯模式代替。光点直径 ω_{1} 处的一阶高斯模式的功率分量为

$$\frac{P_{\text{core},1}}{P_{\text{tot},1}} = 1 - e^{-\frac{r_{\text{core}}^2}{\omega_1^2}} \tag{2-46}$$

纤芯中在光点直径 ω_2 处二阶圆对称高斯模式的功率分量为

$$\frac{P_{\text{core},2}}{P_{\text{tot},2}} = 1 - \left(1 + \frac{r_{\text{core}}^2}{\omega_2^2}\right) e^{-\frac{r_{\text{core}}^2}{\omega_2^2}} \tag{2-47}$$

用式(2-50)可算出 ASE 光在确定能量下的光点直径 ω_s，也可以计算出 980 nm 泵浦时的第一模式的光点 ω_{p1}，这与 1 480 nm 泵浦时的唯一模式的光点相同。式(2-51)可以计算出 980 nm 泵浦时第二模式的光点直径 ω_{p2}。第 i 个环形区的信号功率分量为

$$\text{frac}_{s,i} = e^{-\frac{r_{\text{ring},i}^2}{\omega_s^2}} - e^{-\frac{r_{\text{ring},i-1}^2}{\omega_s^2}} \tag{2-48}$$

第 i 个环形区的泵浦第一模式的功率分量为

$$\text{frac}_{p1,i} = e^{-\frac{r_{\text{ring},i}^2}{\omega_{p1}^2}} - e^{-\frac{r_{\text{ring},i-1}^2}{\omega_{p1}^2}} \tag{2-49}$$

第 i 个环形区的泵浦第二模式的功率分量为

$$\text{frac}_{p2,i} = \left(1 + \frac{r_{\text{ring},i}^2}{\omega_{p2}^2}\right) e^{-\frac{r_{\text{ring},i}^2}{\omega_{p2}^2}} - \frac{r_{\text{ring},i-1}^2}{\omega_{p2}^2} e^{-\frac{r_{\text{ring},i-1}^2}{\omega_{p2}^2}} \tag{2-50}$$

定义如下饱和光强

$$I_{\text{ssat}}(\nu_s) = \frac{h\nu_s}{\tau_u [\sigma_e(\nu_s) + \sigma_a(\nu_s)]} \tag{2-51}$$

$$I_{\text{sesat}}(\nu_s) = \frac{h\nu_s}{\tau_u \sigma_e(\nu_s)} \tag{2-52}$$

$$I_{\text{pasat}}(\nu_p) = \frac{h\nu_p}{\tau_u \sigma_{pa}(\nu_p)} \tag{2-53}$$

$$I_{\text{pesat}}(\nu_p) = \frac{h\nu_p}{\tau_u \sigma_{pe}(\nu_p)} \tag{2-54}$$

$$I_{\text{uesat}}(\nu_p) = \frac{h\nu_p}{\tau_p \sigma_{pe}(\nu_p)} \tag{2-55}$$

$$I_{\text{uasat}}(\nu_p) = \frac{h\nu_p}{\tau_p \sigma_{pa}(\nu_p)} \tag{2-56}$$

$$I_{\text{esasat}}(\nu_{\text{p}}) = \frac{h\nu_{\text{p}}}{\tau_{\text{p}}\sigma_{\text{esau}}(\nu_{\text{p}})} \qquad (2-57)$$

$$I_{\text{esap}}(\nu_{\text{p}}) = \frac{h\nu_{\text{p}}}{\tau_{\text{gr}}\sigma_{\text{esap}}(\nu_{\text{p}})} \qquad (2-58)$$

将这些定义与之前的推导公式相结合可以得到简化的方程,即

$$n_1(\text{ring}_i, z) = N_{\text{d}}(\text{ring}_i)\frac{K_1(\text{ring}_i, z) + K_2(\text{ring}_i, z)}{K_3(\text{ring}_i, z) + K_4(\text{ring}_i, z)} \qquad (2-59)$$

$$n_{\text{p}}(\text{ring}_i, z) = N_{\text{d}}(\text{ring}_i)\frac{K_5(\text{ring}_i, z) + K_4(\text{ring}_i, z) - K_2(\text{ring}_i, z)}{K_3(\text{ring}_i, z) + K_4(\text{ring}_i, z)}$$

$$(2-60)$$

$$n_{\text{u}}(\text{ring}_i, z) = N_{\text{d}}(\text{ring}_i) - n_1(\text{ring}_i, z) - n_{\text{p}}(\text{ring}_i, z) \qquad (2-61)$$

$$n_{\text{gr}}(\text{ring}_i, z) = n_{\text{p}}(\text{ring}_i, z)\sum_{k=1}^{l}\frac{\text{frac}_{\text{pk},i}P_{\text{pl}}(z)}{I_{\text{esap}}(\nu_{\text{p}})A_{\text{ring},i}} \qquad (2-62)$$

式中,K_i 为过渡系数

$$K_1(\text{ring}_i, z) = \left[1 + \sum_{j=1}^{n}\frac{\text{frac}_{\text{s},i}P_{\text{s},j}(z, \nu_{\text{s},j})}{I_{\text{sesat}}(\nu_{\text{s},j})A_{\text{ring},i}}\right]\left[1 + \sum_{k=1}^{l}\frac{\text{frac}_{\text{pk},i}P_{\text{pk}}(z)}{I_{\text{uesat}}(\nu_{\text{p}})A_{\text{ring},i}}\right]$$

$$(2-63)$$

$$K_2(\text{ring}_i, z) = \sum_{k=1}^{l}\frac{\text{frac}_{\text{pk},i}P_{\text{pk}}(z)}{I_{\text{pesat}}(\nu_{\text{p}})A_{\text{ring},i}} \cdot \sum_{k=1}^{l}\frac{\text{frac}_{\text{pk},i}P_{\text{pk}}(z)}{I_{\text{esasat}}(\nu_{\text{p}})A_{\text{ring},i}}$$

$$(2-64)$$

$$K_3(\text{ring}_i, z) = \left[1 + \sum_{j=1}^{n}\frac{\text{frac}_{\text{s},i}P_{\text{s},j}(z, \nu_{\text{s},j})}{I_{\text{ssat}}(\nu_{\text{s},j})A_{\text{ring},i}}\right]\left[1 + \sum_{k=1}^{l}\frac{\text{frac}_{\text{pk},i}P_{\text{pk}}(z)}{I_{\text{uesat}}(\nu_{\text{p}})A_{\text{ring},i}}\right] +$$

$$\sum_{k=1}^{l}\frac{\text{frac}_{\text{pk},i}P_{\text{pk}}(z)}{I_{\text{uasat}}(\nu_{\text{p}})A_{\text{ring},i}}\left[1 + \sum_{j=1}^{n}\frac{\text{frac}_{\text{s},i}P_{\text{s},j}(z, \nu_{\text{s},j})}{I_{\text{sesat}}(\nu_{\text{s},j})A_{\text{ring},i}}\right] +$$

$$\sum_{k=1}^{l}\frac{\text{frac}_{\text{pk},i}P_{\text{pk}}(z)}{I_{\text{pasat}}(\nu_{\text{p}})A_{\text{ring},i}} \qquad (2-65)$$

$$K_4(\text{ring}_i, z) = \left[\left(\frac{1}{I_{\text{pasat}}(\nu_{\text{p}})} + \frac{1}{I_{\text{pesat}}(\nu_{\text{p}})}\right)\sum_{k=1}^{l}\frac{\text{frac}_{\text{pk},i}P_{\text{pk}}(z)}{A_{\text{ring},i}}\right] \cdot$$

$$\sum_{k=1}^{l}\frac{\text{frac}_{\text{pk},i}P_{\text{pk}}(z)}{I_{\text{esasat}}(\nu_{\text{p}})A_{\text{ring},i}} + \left[\sum_{j=1}^{n}\frac{\text{frac}_{\text{s},i}P_{\text{s},j}(z, \nu_{\text{s},j})}{I_{\text{ssat}}(\nu_{\text{s},j})A_{\text{ring},i}} - \right.$$

$$\left.\sum_{j=1}^{n}\frac{\text{frac}_{\text{s},i}P_{\text{s},j}(z, \nu_{\text{s},j})}{I_{\text{sesat}}(\nu_{\text{s},j})A_{\text{ring},i}}\right]\sum_{k=1}^{l}\frac{\text{frac}_{\text{pk},i}P_{\text{pk}}(z)}{I_{\text{esasat}}(\nu_{\text{p}})A_{\text{ring},i}} \qquad (2-66)$$

$$K_5(\text{ring}_i, z) = \left[1 + \sum_{j=1}^{n} \frac{\text{frac}_{s,i} P_{s,j}(z, \nu_{s,j})}{I_{\text{sesat},j}(\nu_{s,j}) A_{\text{ring},i}} \right] \sum_{k=1}^{l} \frac{\text{frac}_{\text{pk},i} P_{\text{pk}}(z)}{I_{\text{uasat}}(\nu_p) A_{\text{ring},i}}$$

$$(2-67)$$

代入功率传输方程可以得到简化的传输方程,即

$$\frac{\mathrm{d} P_{s,j}^{\pm}(z, \nu_{s,j})}{\mathrm{d}z} = \pm \left[\gamma_{s,j}(z, \nu_{s,j}) P_{s,j}^{\pm}(z, \nu_{s,j}) + \gamma_{\text{es},j}(z, \nu_{s,j}) 2h\nu_{s,j} \left(\frac{\Delta \nu_h}{n} \right) \right]$$

$$(2-68)$$

$$\frac{\mathrm{d} P_{\text{pk}}(z, \nu_p)}{\mathrm{d}z} = -\gamma_{p,k}(z, \nu_p) P_{\text{pk}}(z, \nu_p) \qquad (2-69)$$

$$\frac{\mathrm{d} P_{\text{gr}}^{\pm}(z, \nu_{\text{gr}})}{\mathrm{d}z} = \pm \left[\gamma_{\text{sgr}}(z, \nu_{\text{gr}}) P_{\text{gr}}^{\pm}(z) + \gamma_{\text{egr}}(z, \nu_{\text{gr}}) 2n_{\text{gr}} h\nu_{\text{gr}} \Delta \nu_{\text{gr}} \right]$$

$$(2-70)$$

式中,系数 γ_i 为

$$\gamma_{s,j}(z, \nu_{s,j}) = \sum_{i=1}^{m} \text{frac}_{s,i} \left[\sigma_e(\nu_{s,j}) n_u(\text{ring}_i, z) - \sigma_a(\nu_{s,j}) n_1(\text{ring}_i, z) \right]$$

$$(2-71)$$

$$\gamma_{\text{es},j}(z, \nu_{s,j}) = \sum_{i=1}^{m} \sigma_e(\nu_{s,j}) n_u(\text{ring}_i, z) \qquad (2-72)$$

$$\gamma_{p,k}(z, \nu_p) = \sum_{i=1}^{m} \text{frac}_{\text{pk},i} \left[\sigma_{\text{pa}}(\nu_p) n_1(\text{ring}_i, z) - \sigma_{\text{pe}}(\nu_p) n_p(\text{ring}_i, z) \right] +$$

$$\sum_{i=1}^{m} \text{frac}_{\text{pk},i} \left[\sigma_{\text{esau}}(\nu_p) n_u(\text{ring}_i, z) + \sigma_{\text{esap}}(\nu_p) n_p(\text{ring}_i, z) \right]$$

$$(2-73)$$

$$\gamma_{\text{sgr}}(z, \nu_{\text{gr}}) = \text{frac}_{\text{gr}} \sum_{i=1}^{m} \frac{A_{\text{ring},i}}{A_{\text{core}}} \left[\sigma_{\text{egr}}(\nu_{\text{gr}}) n_{\text{gr}}(\text{ring}_i, z) - \sigma_{\text{agr}}(\nu_{\text{gr}}) n_1(\text{ring}_i, z) \right]$$

$$(2-74)$$

$$\gamma_{\text{egr}}(z, \nu_{\text{gr}}) = \text{frac}_{\text{gr}} \sum_{i=1}^{m} \frac{A_{\text{ring},i}}{A_{\text{core}}} \sigma_{\text{egr}}(\nu_{\text{gr}}) n_{\text{gr}}(\text{ring}_i, z) \qquad (2-75)$$

$$P_{s,j}(z, \nu_{s,j}) = P_{s,j}^{+}(z, \nu_{s,j}) + P_{s,j}^{-}(z, \nu_{s,j}) \qquad (2-76)$$

式中,j 代表不同频率的分量,共有 n 个值;i 代表不同的环形区域,共有 m 个值;k 代表不同的泵浦模式,共有 l 个。

对于 980 nm 泵浦来说,一般取掺铒光纤的 l 值为 2,n 取决于频谱的分段数,分段越多,得到的光谱越平滑,一般取 40 就可以达到很好的效果。m 值往往取值为 1,因为对于光纤微型结构来说,掺杂区域被看作与所有光区重叠。这些近似与实际情况误差很小。在绿光的计算中,各个环形区域的绿光功率被近似看作与区域面积成比例。

泵浦光的空间分布是一个比较复杂的问题,因为在光纤中可能存在一个以上独立于 z 轴的本征模式。严格来说,不同模式之间的相位信息是需要重新修正的,这是因为光强的饱和效应在光纤的不同分布位置是不同的。对于 545 nm 波段的光来说这样的情况也存在,简化起见,假设泵浦各模式基于光强独立传播,每个重叠的区域只是掺杂离子的不同。当光纤长度较短时可近似为每个环形区域的 ASE 光不随频率而改变。

当采用 1 480 nm 的光进行泵浦时,有

$$n_{\mathrm{u}}(\mathrm{ring}_i,z)=N_{\mathrm{d}}(\mathrm{ring}_i)\frac{K_6(\mathrm{ring}_i,z)}{K_7(\mathrm{ring}_i,z)} \tag{2-77}$$

$$n_1(\mathrm{ring}_i,z)=N_{\mathrm{d}}(\mathrm{ring}_i)-n_{\mathrm{u}}(\mathrm{ring}_i,z) \tag{2-78}$$

$$K_6(\mathrm{ring}_i,z)=\frac{\mathrm{frac}_{\mathrm{p},i}P_{\mathrm{p}}(z)}{I_{\mathrm{pasat}}(\nu_{\mathrm{p}})A_{\mathrm{ring},i}}+\sum_{j=1}^{n}\frac{\mathrm{frac}_{\mathrm{s},i}P_{\mathrm{s},j}(z,\nu_{\mathrm{s},j})}{I_{\mathrm{ssat}}(\nu_{\mathrm{s},j})A_{\mathrm{ring},i}}-$$
$$\sum_{j=1}^{n}\frac{\mathrm{frac}_{\mathrm{s},i}P_{\mathrm{s},j}(z,\nu_{\mathrm{s},j})}{I_{\mathrm{sesat}}(\nu_{\mathrm{s},j})A_{\mathrm{ring},i}} \tag{2-79}$$

$$K_7(\mathrm{ring}_i,z)=1+\frac{\mathrm{frac}_{\mathrm{p},i}P_{\mathrm{p}}(z)}{I_{\mathrm{pasat}}(\nu_{\mathrm{p}})A_{\mathrm{ring},i}}+\frac{\mathrm{frac}_{\mathrm{p},i}P_{\mathrm{p}}(z)}{I_{\mathrm{pesat}}(\nu_{\mathrm{p}})A_{\mathrm{ring},i}}+$$
$$\sum_{j=1}^{n}\frac{\mathrm{frac}_{\mathrm{s},i}P_{\mathrm{s},j}(z,\nu_{\mathrm{s},j})}{I_{\mathrm{ssat}}(\nu_{\mathrm{s},j})A_{\mathrm{ring},i}} \tag{2-80}$$

$$\frac{\mathrm{d}P_{\mathrm{s},j}^{\pm}(z,\nu_{\mathrm{s},j})}{\mathrm{d}z}=\pm\left[\gamma_{\mathrm{s},j}(z,\nu_{\mathrm{s},j})P_{\mathrm{s},j}^{\pm}(z,\nu_{\mathrm{s},j})+\gamma_{\mathrm{es},j}(z,\nu_{\mathrm{s},j})2h\nu_{\mathrm{s},j}\left(\frac{\Delta\nu_{\mathrm{h}}}{n}\right)\right] \tag{2-81}$$

$$\frac{\mathrm{d}P_{\mathrm{p}}(z,\nu_{\mathrm{p}})}{\mathrm{d}z}=-\gamma_{\mathrm{p}}(z,\nu_{\mathrm{p}})P_{\mathrm{p}}(z,\nu_{\mathrm{p}}) \tag{2-82}$$

式中的系数为

$$\gamma_{\mathrm{s},j}(z,\nu_{\mathrm{s},j})=\sum_{i=1}^{m}\mathrm{frac}_{\mathrm{s},i}\left[\sigma_{\mathrm{e}}(\nu_{\mathrm{s},j})n_{\mathrm{u}}(\mathrm{ring}_i,z)-\sigma_{\mathrm{a}}(\nu_{\mathrm{s},j})n_1(\mathrm{ring}_i,z)\right] \tag{2-83}$$

$$\gamma_{\mathrm{es},j}(z,\nu_{\mathrm{s},j}) = \sum_{i=1}^{m} \mathrm{frac}_{\mathrm{s},i}\sigma_{\mathrm{e}}(\nu_{\mathrm{s},j}) n_{\mathrm{u}}(\mathrm{ring}_i,z) \tag{2-84}$$

$$\gamma_{\mathrm{p}}(z,\nu_{\mathrm{p}}) = \sum_{i=1}^{m} \mathrm{frac}_{\mathrm{p},i} \left[\sigma_{\mathrm{pa}}(\nu_{\mathrm{p}}) n_1(\mathrm{ring}_i,z) - \sigma_{\mathrm{pe}}(\nu_{\mathrm{p}}) n_{\mathrm{u}}(\mathrm{ring}_i,z) \right]$$

$$\tag{2-85}$$

为了进一步简化上述方程,可以用 ASE 光和泵浦光分布的有效面积来代替所有圆形区域的和。假定掺杂离子在光纤纤芯中均匀分布,纤芯半径为 r_{C},面积 $A_{\mathrm{C}} = \pi r_{\mathrm{C}}^2$,以此可定义泵浦的两个传输模式的有效面积,1 480 nm 传输模式只有第一模式,在 980 nm 的情况下,有

$$A_{\mathrm{p1}}^{-1} = \iint \xi(r) \varphi_{\mathrm{p1}}(r,\theta) r \mathrm{d}r \mathrm{d}\theta \tag{2-86}$$

$$A_{\mathrm{p2}}^{-1} = \iint \xi(r) \varphi_{\mathrm{p2}}(r,\theta) r \mathrm{d}r \mathrm{d}\theta \tag{2-87}$$

ASE 光的有效区域为

$$A_{\mathrm{s}}^{-1} = \iint \xi(r) \varphi_{\mathrm{s}}(r,\theta) r \mathrm{d}r \mathrm{d}\theta \tag{2-88}$$

在泵浦功率较低的情况下,信号光的有效区域依赖于泵浦的分布区域,泵浦有效区域可以用下式代替:

$$A_{\mathrm{slp}}^{-1} = A_{\mathrm{C}} \iint \xi(r) \varphi_{\mathrm{p}}(r,\theta) \varphi_{\mathrm{s}}(r,\theta) r \mathrm{d}r \mathrm{d}\theta \tag{2-89}$$

式(2-87)用于高泵浦功率时,式(2-89)用于低泵浦功率时。但是,在高功率的 SFS 光源中,光纤区域的饱和度和泵浦功率并非都很高,故这些参数都是实际情况的粗略近似。严格来说,光纤中的每一个点都必须被积分。实际上,假设只有一阶泵浦模式,并且光纤参数是典型值,那么泵浦模式对积分的影响很小,有效区域的差异也很小。当强度与相位均不同的泵浦模式存在于光纤中时,式(2-89)的值因位置不同而有极大的差异,而式(2-87)的值变化很小。由于 SFS 是高功率光源,式(2-87)常被采用。绿光的有效面积可以表示为

$$A_{\mathrm{gr}}^{-1} = A_{\mathrm{C}} \iint \xi(r) \varphi_{\mathrm{p}}(r,\theta) \varphi_{\mathrm{gr}}(r,\theta) r \mathrm{d}r \mathrm{d}\theta \tag{2-90}$$

在此基础之上,可以将 980 nm 泵浦的简化传输方程进一步简化。当高能态的 ESA 被忽略并且 980 nm 泵浦态的寿命被视为很短以至于来自

于泵浦态的 ESA 可以被忽略时,大括号里面的参数则可以被忽略,得

$$n_1(z) = \overline{N_d} \frac{K_1(z) + \{K_2(z)\}}{K_3(z) + \{K_4(z)\}} \tag{2-91}$$

$$n_p(z) = \overline{N_d} \frac{\{K_5(z)\} + \{K_4(z)\} - \{K_2(z)\}}{K_3(z) + \{K_4(z)\}} \tag{2-92}$$

$$n_u(z) = \overline{N_d} - n_1(z) - n_p(z) \tag{2-93}$$

$$n_{gr}(z) = \left\{ n_p(z) \left[\frac{P_{p1}(z)}{I_{esap}(\nu_p) A_{p1}} + \frac{P_{p2}(z)}{I_{esap}(\nu_p) A_{p2}} \right] \right\} \tag{2-94}$$

式中,系数 K_i 表示为

$$K_1(z) = \left[1 + \sum_{j=1}^{n} \frac{P_{s,j}(z, \nu_{s,j})}{I_{sesat}(\nu_{s,j}) A_s} \right] \left[1 + \left\{ \frac{P_{p1}(z)}{I_{uesat}(\nu_p) A_{p1}} + \frac{P_{p2}(z)}{I_{uesat}(\nu_p) A_{p2}} \right\} \right] \tag{2-95}$$

$$K_2(z) = \left[\frac{P_{p1}(z)}{I_{pesat}(\nu_p) A_{p1}} + \frac{P_{p2}(z)}{I_{pesat}(\nu_p) A_{p2}} \right] \left\{ \frac{P_{p1}(z)}{I_{esasat}(\nu_p) A_{p1}} + \frac{P_{p2}(z)}{I_{esasat}(\nu_p) A_{p2}} \right\} \tag{2-96}$$

$$
\begin{aligned}
K_3(ring_i, z) = {} & \left[1 + \left\{ \frac{P_{p1}(z)}{I_{uesat}(\nu_p) A_{p1}} + \frac{P_{p2}(z)}{I_{uesat}(\nu_p) A_{p2}} \right\} \right] \cdot \\
& \left[1 + \sum_{j=1}^{n} \frac{P_{s,j}(z, \nu_{s,j})}{I_{ssat,j}(\nu_{s,j}) A_s} \right] + \left\{ \frac{P_{p1}(z)}{I_{uasat}(\nu_p) A_{p1}} + \frac{P_{p2}(z)}{I_{uasat}(\nu_p) A_{p2}} \right\} \cdot \\
& \left[1 + \sum_{j=1}^{n} \frac{P_{s,j}(z, \nu_{s,j})}{I_{sesat,j}(\nu_{s,j}) A_s} \right] + \left[\frac{P_{p1}(z)}{I_{pasat}(\nu_p) A_{p1}} + \frac{P_{p2}(z)}{I_{pasat}(\nu_p) A_{p2}} \right]
\end{aligned} \tag{2-97}
$$

$$
\begin{aligned}
K_4(z) = {} & \left[\left(\frac{1}{I_{pasat}(\nu_p)} + \frac{1}{I_{pesat}(\nu_p)} \right) \left(\frac{P_{p1}(z)}{A_{p1}} + \frac{P_{p2}(z)}{A_{p2}} \right) \right] \cdot \\
& \left\{ \frac{P_{p1}(z)}{I_{esasat}(\nu_p) A_{p1}} + \frac{P_{p2}(z)}{I_{esasat}(\nu_p) A_{p2}} \right\} + \\
& \left[\sum_{j=1}^{n} \frac{P_{s,j}(z, \nu_{s,j})}{I_{ssat,j}(\nu_{s,j}) A_s} - \sum_{j=1}^{n} \frac{P_{s,j}(z, \nu_{s,j})}{I_{sesat,j}(\nu_{s,j}) A_s} \right] \cdot \\
& \left\{ \frac{P_{p1}(z)}{I_{esasat}(\nu_p) A_{p1}} + \frac{P_{p2}(z)}{I_{esasat}(\nu_p) A_{p2}} \right\}
\end{aligned} \tag{2-98}
$$

$$K_5(z) = \left[1 + \sum_{j=1}^{n} \frac{P_{s,j}(z, \nu_{s,j})}{I_{sesat,j}(\nu_{s,j}) A_s} \right] \left\{ \frac{P_{p1}(z)}{I_{uasat}(\nu_p) A_{p1}} + \frac{P_{p2}(z)}{I_{uasat}(\nu_p) A_{p2}} \right\} \tag{2-99}$$

功率传输方程简化为

$$\frac{dP_{s,j}^{\pm}(z,\nu_{s,j})}{dz} = \pm \left[\gamma_{s,j}(z,\nu_{s,j}) P_{s,j}^{\pm}(z,\nu_{s,j}) + \gamma_{es,j}(z,\nu_{s,j}) 2h\nu_{s,j}\left(\frac{\Delta\nu_h}{n}\right) \right]$$

$$(2-100)$$

$$\frac{dP_{p1}(z,\nu_p)}{dz} = -\gamma_{p1}(z,\nu_p) P_{p1}(z,\nu_p) \qquad (2-101)$$

$$\frac{dP_{p2}(z,\nu_p)}{dz} = -\gamma_{p2}(z,\nu_p) P_{p2}(z,\nu_p) \qquad (2-102)$$

$$\frac{dP_{gr}^{\pm}(z,\nu_{gr})}{dz} = \pm \left[\gamma_{sgr}(z,\nu_{gr}) P_{gr}^{\pm}(z) + \gamma_{egr}(z,\nu_{gr}) 2n_{gr}h\nu_{gr}\Delta\nu_{gr} \right]$$

$$(2-103)$$

式中的系数如下：

$$\gamma_{s,j}(z,\nu_{s,j}) = \frac{A_c}{A_s} \left[\sigma_e(\nu_{s,j}) n_u(z) - \sigma_a(\nu_{s,j}) n_1(z) \right] \qquad (2-104)$$

$$\gamma_{es,j}(z,\nu_{s,j}) = \frac{A_c}{A_s} \sigma_e(\nu_{s,j}) n_u(z) \qquad (2-105)$$

$$\gamma_{p1}(z,\nu_p) = \frac{A_c}{A_{p1}} \left[\sigma_{pa}(\nu_p) n_1(z) - \sigma_{pe}(\nu_p) n_p(z) + \right.$$
$$\left. \{ \sigma_{esau}(\nu_p) n_u(z) + \sigma_{esap}(\nu_p) n_p(z) \} \right] \qquad (2-106)$$

$$\gamma_{p2}(z,\nu_p) = \frac{A_c}{A_{p2}} \left[\sigma_{pa}(\nu_p) n_1(z) - \sigma_{pe}(\nu_p) n_p(z) + \right.$$
$$\left. \{ \sigma_{esau}(\nu_p) n_u(z) + \sigma_{esap}(\nu_p) n_p(z) \} \right] \qquad (2-107)$$

$$\gamma_{sgr}(z,\nu_{gr}) = \left\{ \frac{A_c}{A_{gr}} \left[\sigma_{egr}(\nu_{gr}) n_{gr}(z) - \sigma_{agr}(\nu_{gr}) n_1(z) \right] \right\} \qquad (2-108)$$

$$\gamma_{egr}(z,\nu_{gr}) = \frac{A_c}{A_{gr}} \sigma_{egr}(\nu_{gr}) n_{gr}(z) \qquad (2-109)$$

对于 1 480 nm 的泵浦来说

$$n_u(z) = \overline{N_d} \frac{K_6(z)}{K_7(z)} \qquad (2-110)$$

$$n_1(z) = \overline{N_d} - n_u(z) \qquad (2-111)$$

$$K_6(z) = \frac{P_p(z)}{I_{pasat}(\nu_p) A_p} + \frac{P_{s,j}(z,\nu_{s,j})}{I_{ssat}(\nu_{s,j}) A_s} - \frac{P_{s,j}(z,\nu_{s,j})}{I_{sesat}(\nu_{s,j}) A_s}$$

$$(2-112)$$

$$K_7(z) = 1 + \frac{P_p(z)}{I_{\text{pasat}}(\nu_p) A_p} + \frac{P_p(z)}{I_{\text{pesat}}(\nu_p) A_p} + \frac{P_{s,j}(z,\nu_{s,j})}{I_{\text{ssat}}(\nu_{s,j}) A_s}$$

$$(2-113)$$

$$\frac{\mathrm{d} P_{s,j}^{\pm}(z,\nu_{s,j})}{\mathrm{d}z} = \pm \left[\gamma_{s,j}(z,\nu_{s,j}) P_{s,j}^{\pm}(z,\nu_{s,j}) + \gamma_{es,j}(z,\nu_{s,j}) 2h\nu_{s,j} \left(\frac{\Delta\nu_h}{n} \right) \right]$$

$$(2-114)$$

$$\frac{\mathrm{d} P_p(z,\nu_p)}{\mathrm{d}z} = -\gamma_p(z,\nu_p) P_p(z,\nu_p) \qquad (2-115)$$

式中,系数 γ 表示为

$$\gamma_{s,j}(z,\nu_{s,j}) = \frac{A_c}{A_s} \left[\sigma_e(\nu_{s,j}) n_u(z) - \sigma_a(\nu_{s,j}) n_1(z) \right] \qquad (2-116)$$

$$\gamma_{es,j}(z,\nu_{s,j}) = \frac{A_c}{A_s} \sigma_e(\nu_{s,j}) n_u(z) \qquad (2-117)$$

$$\gamma_p(z,\nu_p) = \frac{A_c}{A_p} \left[\sigma_{pa}(\nu_p) n_1(z) - \sigma_{pe}(\nu_p) n_u(z) \right] \qquad (2-118)$$

这些最终的简化方程可直接用于仿真系统。当需要考虑光纤的径向差异时,需要用到前半部分的仿真方程。当需要考虑绿光效应时,这些简化方程大括号内的内容需要考虑。所有的情况,都假定不考虑 ESA 所造成的损耗,则高能级的激发态吸收的截面为 0,仿真时完全忽略泵浦态的 ESA,且泵浦态的离子寿命是 0,只有高能级和低能级被占用。

对于不同的光源结构,通过采用不同的边界条件来求解式(2-100)和式(2-114)可以获得不同光源结构下 EDFS 的输出。对于单程结构的光源,其边界为

$$P_j^+(0) = 0, \quad j = 1,2,\cdots,n \qquad (2-119)$$

$$P_j^-(L) = 0, \quad j = 1,2,\cdots,n \qquad (2-120)$$

$$P(0) = \zeta \qquad (2-121)$$

式中,ζ 为泵浦掺铒光纤的光功率;L 为光纤长度;n 为仿真时对光谱的分割条数。对于双程结构的光源,分为前向和后向来考虑。

对于双程前向结构,边界条件为

$$P_j^+(0) = R_s P_j^-(0), \quad j = 1,2,\cdots,n \qquad (2-122)$$

$$P_j^-(L) = 0, \quad j = 1, 2, \cdots, n \tag{2-123}$$

$$P(0) = \zeta \tag{2-124}$$

对于双程后向结构,边界条件为

$$P_j^+(0) = 0, \quad j = 1, 2, \cdots, n \tag{2-125}$$

$$P_j^-(L) = P_j^+(L), \quad j = 1, 2, \cdots, n \tag{2-126}$$

$$P(0) = \zeta \tag{2-127}$$

对于 FAS 光源其边界条件可以用单程结构来替代,而双泵浦的光源,则可以考虑是单程前向和单程后向光源的叠加。为了验证简化模型的有效性,选择具有代表性的单程 EDFS 进行仿真(双程光源可以看作是单程的叠加),并与实测的光谱进行对比,如图 2.7 所示。实验采用 90 mW 泵浦 9 m 的掺铒光纤,掺铒光纤的参数如表 2.3 所列。

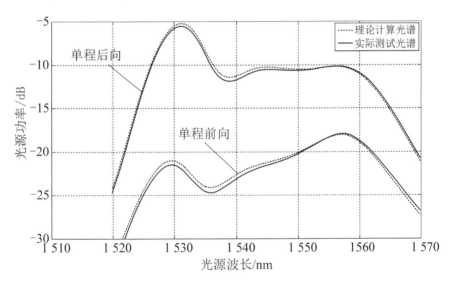

图 2.7　单程后向 EDFS 模型仿真与实测光谱对比

表 2.3　掺铒光纤参数

光纤参数	1 530 nm 吸收峰 /(dB · m⁻¹)	共掺元素	纤芯半径 a /μm	NA	共掺元素浓度/%
数值	10	Al/Ge	2.4	0.22	12

由图 2.7 可以看出,实测光谱曲线与理论仿真曲线基本吻合,实测曲线稍低于理论曲线,其原因是理论计算时忽略了光纤中的损耗效应。在

1 560 nm 的长波段,实测曲线上翘,其原因是理论曲线计算所用参数为25 ℃时所测的值,而实测曲线则是在 23 ℃时测得的,低温时 EDFS 光谱会向长波段移动。

本章小结

本章研究了 EDFS 的基本原理以及掺铒光纤中铒离子的发光原理和能级结构,分析得出掺铒光纤适于作为增益介质制作应用于光纤传感领域的光源。结合 1 550 nm、980 nm、1 480 nm 波段光波在掺铒光纤中的传输特性,论述了 980 nm 泵浦带与 1 480 nm 泵浦带的优缺点。研究表明,980 nm 泵浦带具有较高的电光转换效率,但是因为在单模掺铒光纤中具有两个传输模式,容易引起光源的不稳定。而 1 480 nm 泵浦光只有一个传输模式,所以 1 480 nm 是较合适的泵浦带。分析了 EDFS 几种结构的输出特性,FAS 光源因其独特的结构和对掺铒光纤高效的利用率使其在 EDFS 光源的几种结构中最具潜力。结合铒离子的速率方程分析了 EDFS 的功率传输方程对其进行了简化并给出其求解的边界条件,为后续研究做必要的理论铺垫。

第3章 泵浦驱动与控制

光纤超荧光光源通过吸收特定波长光子的能量,辐射出另一波长的新光子,被吸收的光子为光纤中的微粒子提供能量,使其跃迁到更高的能级,这一过程即为泵浦,而提供被吸收光子的激光器为超荧光光源的泵浦源。泵浦激光器由电能驱动,保持其输出激光功率和波长的稳定是保持光纤超荧光光源波长稳定、功率稳定的前提。

3.1 激光器基本原理

在超荧光光源的设计中,泵浦源通常选择输出波长为980 nm或1 480 nm的激光器,不管是哪种波长的激光器,其基本原理和内部构造是相同的,在本书中以980 nm泵浦激光器为例进行设计。广泛采用的成品激光器,其内部结构是基于副载波的平板芯片结构,内部集成热敏电阻、热电制冷端、光电检测二极管,以便于功率控制和温度控制,如图3.1所示。

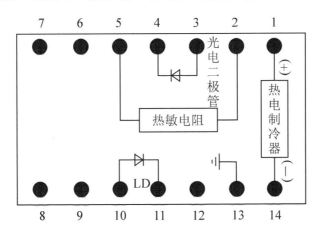

图3.1 泵浦激光器内部结构

激光器内部的发光器件是一个集成的大功率激光二极管(LD),通过输入恒定电流,驱动激光二极管发出980 nm或1 480 nm的激光,其实质是一个半导体二极管,其基本结构如图 3.2 所示。

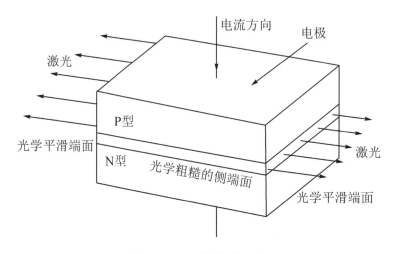

图 3.2　LD 的基本结构

当半导体二极管的 PN 结加正向电压时,会削弱 PN 结势垒,迫使电子从 N 区经 PN 结注入 P 区,空穴从 P 区经过 PN 结注入 N 区,这些注入 PN 结附近的非平衡电子和空穴将会发生复合,从而发射出波长为 λ 的光子,可以表示为

$$\lambda = hc/E_g \tag{3-1}$$

式中,h 是普朗克常数;c 是光速;E_g 是半导体的禁带宽度。

由于电子与空穴的自发复合而发光的现象称为自发辐射。当自发辐射所产生的光子通过半导体时,一旦经过已发射的电子-空穴对附近,就能激励二者复合,产生新光子,这种光子诱使已激发的载流子复合而发出新光子的现象称为受激辐射。如果注入半导体二极管的电流足够大,则会形成和热平衡状态相反的载流子分布,即粒子数反转。当有源层内的载流子大量反转时少量自发辐射产生的光子由于谐振腔两端面光滑而往复反射,产生感应辐射,造成选频谐振正反馈,或者说对波长 λ 的光具有增益。当增益大于吸收损耗时,就可从 PN 结发出具有良好谱线的激光。

激光二极管的工作状态、寿命和稳定性主要受工作电流和工作温度的影响。激光二极管只有在其工作电流大于阈值电流时,才能正常工作,其特性如图 3.3 所示。从图中可以看出,当激光二极管的工作电流大于阈值电流 I_{th} 时才会有功率输出,并且在电流大于阈值电流的工作区域,激光二

极管的输出功率随着驱动电流的增
加而线性增加,所以驱动激光器工作
的电流必须是恒定可调的。工作电
流对激光二极管的输出波长影响较
小(平均只有 0.02 nm/mW),在保证
其输出功率稳定的情况下可以保证
输入电流对波长无影响。

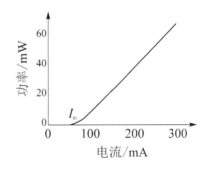

图 3.3　LD 的工作特性

　　激光二极管的工作温度对其输
出波长、使用寿命和输出功率都有很大影响。随着温度的升高,需要有更
多的载流子注入以维持所需的粒子数反转,激光二极管阈值电流的升高,
会导致激光二极管的能量转化效率降低,将电能转换为热能,发射波长也
随着温度的变化发生漂移,这对掺铒光纤的吸收和辐射光谱也有很大的影
响。激光管温度过高,不仅会影响其输出特性,甚至会损坏激光二极管。
一般通过改变激光二极管的工作温度来微调其输出光的波长,其变化规律
大致为 0.2~0.3 nm/℃,曲线如图 3.4 所示。

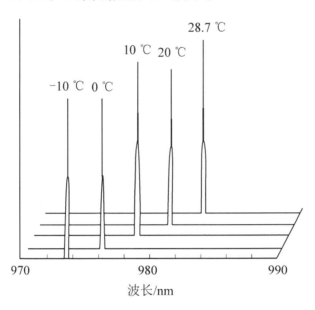

图 3.4　工作温度对激光二极管输出波长的影响

　　另外,大功率激光二极管正常工作时热耗很大,约占总功耗的 50%~
75%,若不能及时散热,会使芯片温度急剧升高,导致其阈值电流增大,输

出功率严重下降,并影响使用寿命。对一只输出为 50 mW 的 AlGaAs 激光二极管,当其工作温度由 0 ℃ 增加到 60 ℃ 时,其阈值电流增大 60%,如图 3.5 所示。

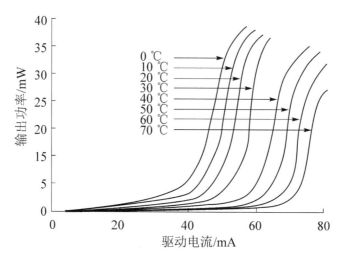

图 3.5　工作温度对激光二极管阈值电流的影响

所以工作温度对于激光二极管十分重要,必须给激光二极管提供恒定且能够精密调整的工作温度,才能保证激光二极管泵浦的固体激光器具有最大的输出功率和最小的功率波动。一般情况下,控制电路可采用成熟的控制方法(如 PID、模糊控制等),本书采用 FPGA 作为控制芯片,通过模糊 PID 控制方法实现对激光器的驱动与控制如图 3.6 所示。图中,功率检测

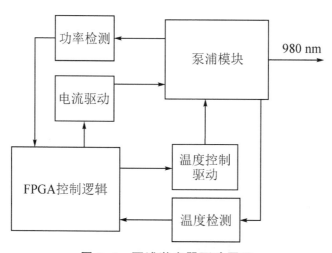

图 3.6　泵浦激光器驱动原理

电路和温度检测电路分别将泵浦激光器的输出功率和工作温度信息转换为电压信号,并经过 A/D 芯片转换为数字信号后,传送给 FPGA。FPGA 在内部将接收到的功率信息和温度信息与设定的基准值对比,得出偏差,并以偏差为准分别给出调整后的电流驱动控制电压和温度控制电压,经过 D/A 转化为模拟信号,该信号加在驱动电路上分别用于调整驱动电流和泵浦激光器内部 TEC 的电流,以保证泵浦激光器输出功率和工作温度稳定。

3.2　激光器功率控制

泵浦激光器内部集成了用于检测光功率的光电二极管,激光器将 5% 的光功率分配在光电二极管上,并由光电二极管转换成电流信号。因此要控制激光器输出功率,首先要完成对其光功率的检测。

3.2.1　功率检测

光电二极管是一种 PN 结型半导体元件,其 PN 结的面积较大,在施加反向电压时工作。没有光照时,反向电流极其微弱,称为暗电流;当光照射到 PN 结上时,半导体内电子受到激发,产生电子空穴对,在电场作用下产生电势,反向电流迅速增大到几十微安,称为光电流。光的强度越大,反向电流也越大,此时光电二极管将光信号转换为电信号。光电二极管 PN 结的电流方程为

$$I = I_{\mathrm{D}}\left(\mathrm{e}^{\frac{qU}{KT}} - 1\right) \tag{3-2}$$

式中,U 为光电二极管两端的电压;T 为温度;K 为波尔兹曼常数;q 为电子电荷量。I_{D} 和 U 均为反向的负值,光电二极管在有光辐射时的光生电流为

$$I_{\Phi} = \frac{\eta q}{h\nu}(1 - \mathrm{e}^{-ad})\Phi_{e,\lambda} \tag{3-3}$$

式中,$\Phi_{e,\lambda}$ 为光入射辐射通量;h 为普朗克常数;υ 为光频率;η 为光转换效率;α 为光的吸收效率。

光电二极管的全电流方程为

$$I = -\frac{\eta q}{h\nu}(1 - \mathrm{e}^{-ad})\Phi_{\mathrm{e},\lambda} + I_{\mathrm{D}}\left(\mathrm{e}^{\frac{qU}{KT}} - 1\right) \qquad (3-4)$$

光电二极管一般有 3 种偏置电路：自偏置电路、反向偏置电路和零伏偏置电路。每种偏置电路可以使其工作在特性曲线的不同区域，表现出不同的特性，变换电路也表现出不同的特征。自偏置电路的特点是器件具有输出功率，且在负载电阻为最佳负载时具有最大的输出功率。但是，自偏置电路输出电流或者电压与入射辐射间的线性关系很差，因而在测量电路中很少采用。零伏偏置电路是指在自偏置情况下，负载电阻为零。零伏偏置电路中，光电二极管输出的短路电流与入射的光辐射量呈线性关系，因而这种电路是理想的电流放大电路，如图 3.7 所示。

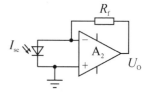

图 3.7　零伏偏置电路

由于集成运算放大器的放大倍数很大，相当于输入内阻为零，输入电阻 R_{i} 约等于 $R_{\mathrm{f}}/(1+A)$，A 为放大器的放大倍数。在反馈电阻小于 100 kΩ 时，$R_{\mathrm{i}} \ll 10\ \Omega$，可得

$$U_{\mathrm{O}} = -I_{\mathrm{sc}}R_{\mathrm{f}} = -R_{\mathrm{f}}\frac{\eta q \lambda}{hc}\Phi_{\mathrm{e},\lambda} \qquad (3-5)$$

还可以用电桥的平衡原理设置直流或者缓变的零伏偏置电路。但零伏偏置电路属于近似零伏偏置，都有一定的等效偏置电阻，当信号电流较强或辐射度较高时将使其偏离零伏偏置。所以零伏偏置电路只适合对微弱辐射信号的检测，不适合较强辐射的探测领域。因而，对于光强测量的设计要求来说，这种电路也不太适合。

反向偏置电路中加在器件上的电压与内建电场的方向相同。二极管在反向偏置状态中，PN 结势垒区加宽，这样有利于光生载流子的漂移运动，可增宽二极管的线性范围和光电变换的动态范围。因而反向偏置电路被广泛应用于大范围的线性光电检测和光电变换中，反向偏置的基本接法如图 3.8 所示。图中，当 $U_{\mathrm{bb}} \gg KT/q$ 时，流过负载的电流为 $I_{\mathrm{L}} = I_{\mathrm{p}} + I_{\mathrm{d}}$，式中，$I_{\mathrm{p}}$ 为光生电流，I_{d} 为二极管暗电流。光电二极管的电流方程为

$$I_{\mathrm{L}} = \frac{\eta q \lambda}{hc}\Phi_{\mathrm{e},\lambda} + I_{\mathrm{d}} \qquad (3-6)$$

由于暗电流较小，式(3-6)可以简化为

$$I_{\mathrm{L}} = \frac{\eta q \lambda}{hc} \Phi_{\mathrm{e},\lambda} \qquad (3-7)$$

输出电压与入射光通量的关系为

$$U_{\mathrm{O}} = U_{\mathrm{bb}} - R_{\mathrm{L}} \, \frac{\eta q \lambda}{hc} \Phi_{\mathrm{e},\lambda} \qquad (3-8)$$

输出电压信号为

$$\Delta U = -R_{\mathrm{L}} \, \frac{\eta q \lambda}{hc} \Phi_{\mathrm{e},\lambda} \qquad (3-9)$$

由式(3-9)可以看出,光照亮度的变化与输出电压成正比。为降低输入电压的影响,可采用集成运放对偏置电路进行改进,如图 3.9 所示。图中,A_2 为运算放大器,当采用驱动能力较大的集成运放时,可直接带载模数转换芯片。当 A_2 采用同相放大接法,可提高放大器的输入阻抗,由集成运放的特性可知,其正向输入端虚拟断路,输入电流很小,这样光电二极管产生的电流不分流到放大器,全部经过采样电阻 R,保证了光照与电阻 R 两端电压的比例关系不变,从而提高电路的检测精度。其输出电压为

$$U_{\mathrm{O}} = \frac{R_1 + R_2}{R_1} U_1 \qquad (3-10)$$

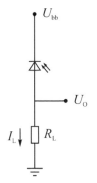

图 3.8　反向偏置基本接法

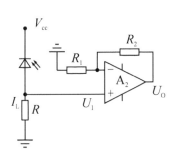

图 3.9　反向偏置测量电路

由于采样电阻 R 是将光电二极管产生的电流转换为电压信号的核心元件,所以 R 选用精密电阻。结合式(3-3)可以得到输出电压与入射光通量(即光功率)的关系,即

$$U_{\mathrm{O}} = \frac{R_1 + R_2}{R_1} U_1 = I_{\mathrm{L}} R \, \frac{R_1 + R_2}{R_1} = R \, \frac{R_1 + R_2}{R_1} \frac{\eta q \lambda}{hc} \Phi_{\mathrm{e},\lambda}$$

$$(3-11)$$

输出电压与光通量呈线性关系，在控制系统中为了满足线性关系，可采用比例控制方法，这是比较简便的控制思路。

3.2.2　驱动电流的控制

泵浦激光器需要在稳定的电流下工作，这包含两方面的任务，首先要提供恒定的电流，避免供给电流的不稳定而造成输出功率波动和激光二极管的损坏；其次，要通过调整电流来控制泵浦源输出功率稳定。由于激光二极管工作时并不像特性曲线所描述的那样理想，即使在恒定的温度下，激光二极管也会因为自身载流子运动的不稳定性而出现输出功率的波动，所以需要通过功率反馈来微调驱动电流，使泵浦源输出的功率稳定。同时，在不同的泵浦功率下，掺铒光纤光源的输出会有很大不同，需要调整泵浦功率来优化，所以驱动电流必须是可调的，以输出不同的功率。

泵浦激光器的驱动电路实际上是一个可调的恒流源，驱动电源提供 300 mA 以上的电流。恒流源的设计有很多种，也有很多资料可借鉴，特别是数控恒流源方面，基本类型包括镜像恒流源和电压反馈控制恒流源，镜像恒流源是用两个三极管搭建的电路，电路如图 3.10 所示。

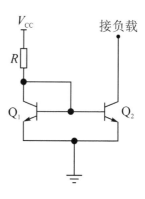

图 3.10　镜像恒流源

取参数完全相同的两个三极管 Q_1 和 Q_2，两个管子的放大倍数相等，即 $\beta_1=\beta_2=\beta$，同时从电路中可以得到

$$U_{BE1}=U_{BE2}=U_{BE} \tag{3-12}$$

$$I_{B1}=I_{B2}=I_B \tag{3-13}$$

$$I_{C1}=I_{C2}=I_C \tag{3-14}$$

式中，U_{BE} 为三极管基极与发射极之间的电压；I_B 为基极电流；I_C 为集电极电流。从而得到流经电阻 R 上的电流为 $I_R=I_{C1}+2I_B=I_{C2}+2I_B=I_{C2}(1+2/\beta)$，由于 $\beta\gg1$，所以得

$$I_{C2}\approx I_R\approx\frac{V_{CC}}{R} \tag{3-15}$$

　　输出电流 I_{C2} 与电流 I_R 是镜像关系,在保证电流 I_R 恒定的同时就可以保证输出电流 I_{C2} 恒定。但是该电路具有明显的缺点:① 两个管子的参数必须相同(这一点很难保证),并且相同型号的不同管子的温度系数也是不同的,随着温度的变化,两个管子的参数也会发生不同的变化,导致电路失衡;② 电源 V_{CC} 的精度不容易保证,除非设计一恒压源,但这又增加了电路的复杂程度。而电压反馈控制类型的恒流源则不存在这种缺点,由于电压跟随器是一种深度的电压负反馈电路,因此基于此种电压反馈类型的恒流源有较好的电流稳定性,如图 3.11 所示。图中,Q_1 为小功率管 9013,导通时最大电压可以达到 $500~\text{mA}$,Q_2 为大功率管 TIP41,最大可以提供 $6~\text{A}$ 的电流和 $6~\text{W}$ 的功率。两个管子串联起来构成达林顿管,可以提供大功率电流,电阻 R_1 为 Q_2 的导通提供偏置电压,阻值选择 $1~\text{k}\Omega$,在 Q_1 微导通时,电阻 R_1 上的压降大于 Q_2 导通所要求的基极与发射极之间的电压。Q_1 和 Q_2 可看作是一个复合的三极管,由三极管的特性可知,流经发射极和集电极的电流近似相等,即流经电阻 R_2 的电流与流过激光二极管(LD)电流近似相等,所以只要保证电阻 R_2 上的电流恒定在某一值,就可以保证通过 LD 的电流为同一近似的恒定值。放大器 A 可以看作电压跟随器,作用就是让电阻 R_2 上的压降等于放大器 A 正向输入端的电压,这样电阻的

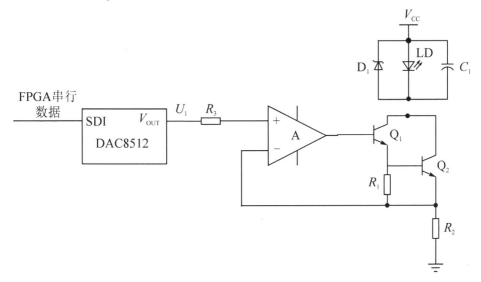

图 3.11　恒流源驱动电路

压降就是电压 U_1 的值,流经 R_2 电流就是 U_1/R_2,该值近似与流经激光二极管的电流相等。由以上分析可知,电阻 R_2 作为取样电阻,必须为精密电阻,对温度敏感性要尽量小且功率足够大。二极管 D_1 用作稳压二极管,对激光二极管提供过压保护,以消除浪涌电压对激光二极管的影响。电容 C_1 采用大容量电容,可以防止电源波动过大引起通过 LD 的电流纹波对 LD 的损伤,同时在一定程度上可缓解突然启动时的快速性,降低启动速度。若系统采用数字控制,控制信号需要经过 D/A 转换(如 DAC8512 为数模转换芯片)才能加在控制端上。

3.3　激光器温度控制

泵浦激光器需要严格控制工作温度才能保证其输出功率和波长的稳定,并有足够的寿命,因此在激光器内部集成了热敏电阻,用来监测温度变化。温度的控制需要进行温度检测电路的设计和控制电路的设计。

3.3.1　温度检测电路

热敏电阻的测温电路很多,最常用的是"桥式"测温电路,如图 3.12 所示。通常采用三线制来自动补偿引线电阻引起的误差。热敏电阻 R_T 通过图中所示的 A、B、C 三根长引线接入测量电路,由 R_T、R_1 组成一个桥臂,R_2、R_3 组成另一个桥臂,其中 R_2 是可调电阻,桥路的两个输出端分别接后级运放电路的两个差分输入端,在运放输入端长线 A 上的压降与长线 B 上的压降是共模的,因而被抑制。该电路本身引入的非线性非常可观,这是由于只有当 $R_T=R_1$ 时才可将流过热敏电阻的电流近似看成恒流。消除非恒流误差的最理想方法是为热敏电阻提供精密恒流源,但这就使电路趋于复杂。在上述的不平衡电桥电路中,尽管采用了三线制接法,在很大程度上克服了长线电阻的影响,但只是说,长线电阻自身的压降大致被补偿,但长线电阻的串入使桥路电流减小,非线性增大,同时使整个电路的增益降低,这些影响并不能得到补偿。需要采用比较完善的补偿方法例如采用运算电路将长线电阻引起的额外压降用减法电路"运算"掉。使用低档运放和一般元器件组成的测温电路,其温漂实际上很难经受住环境温度变化的考验,要想达到比较理想的效果最好采用斩波稳零运放,而精密的放大电路还需要有精密稳定的电源和高品质的外围元件来保证。考虑到低温漂、低价格等因素,可采用图 3.13 所示的电路以采集温度。

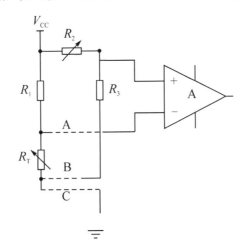

图 3.12　桥式测温电路

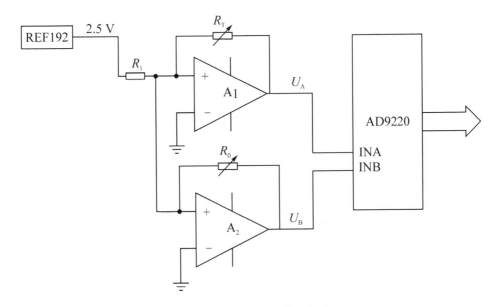

图 3.13　泵浦源测温电路

　　在图中 R_T 是泵浦激光器内部集成的热敏电阻,阻值范围为 4~33 kΩ,当泵浦激光器工作温度在 25 ℃时,热敏电阻的阻值为 10 kΩ。电阻 R_T 作为放大器 A1 的反馈电阻,同样电阻 R_0 作为放大器 A2 的反馈电

阻,放大器 A_1 和放大器 A_2 的输出电压如下:

$$U_A = \frac{R_T}{R_1} U_{ref} \tag{3-16}$$

$$U_B = \frac{R_0}{R_1} U_{ref} \tag{3-17}$$

式中,U_{ref} 为参考电压。当泵浦激光器工作温度在 25 ℃时,设定电阻 R_0 的阻值与此时热敏电阻 R_T 的阻值相等均为 10 kΩ,那么两个放大器的输出电压相等,即 $U_A = U_B$。当泵浦激光器的温度升高时,热敏电阻 R_T 的阻值下降,假设下降的阻值大小为 ΔR,那么此时热敏电阻的阻值为 $(R_T - \Delta R)$,从而可以求出放大器 A_1 的电压和两个放大器之间的电压差,即

$$U'_A = \frac{R_T - \Delta R}{R_1} U_{ref} \tag{3-18}$$

$$\Delta U = U_B - U'_A = \frac{R_0}{R_1} U_{ref} - \frac{R_T - \Delta R}{R_1} U_{ref} = \frac{\Delta R}{R_1} U_{ref} \tag{3-19}$$

从式(3-19)可以看出,热敏电阻的阻值变化和两个放大器的输出电压差呈线性关系,这就可以保证在温度变化时输出电压信号与温度之间的线性关系。

在该电路设计中有几个关键部分需要说明。首先是采用参考电压 U_{ref},明确电路中没有采用恒流源为热敏电阻以提供电流的方式产生电压输出,相反,使用一个稳压源为整个检测电路提供一个基准信号,使电路更为可靠、简便。同时由式(3-19)可知,U_{ref} 是输出电压与热敏电阻阻值变化量比例系数的一部分,是不允许波动的,所以采用了芯片 REF192 以提供 2.5 V 的基准稳恒电压,这是电路检测精度的保证。其次,两个放大器共用同一个输入电阻 R_1。由式(3-19)可以看出,输出电压与热敏电阻变化量的比例系数的另外一部分就是 R_1,不仅如此,在式(3-19)推导过程中,也是将两个放大器共用一个输入电阻作为条件的。相反,如果两个放大器不共用输入电阻,那么就要保证两个输入电阻阻值相同,并且温度系数也相同,即需要很精密的元器件,不然上述公式会因为输入电阻的阻值不同而变得很复杂且不会再呈线性,同时由于误差总是存在,所以即使采用精密的元器件,效果也不一定好。

3.3.2　热电制冷器驱动电路

泵浦激光器内部集成的热电制冷器(TEC)是利用帕耳贴(Peltier)效应进行制冷或加热的半导体器件。在 TEC 两端加上直流电压会使 TEC 的一端发热,另一端制冷;把 TEC 两端的电压反向则会导致相反的热流向。

常用的热电制冷器的温度控制电路大多采用分立元件搭建的模拟 PID 控制电路,但分立电路需要进行参数整定,也容易引入噪声,影响控制精度。另外,若发生 TEC 过压、过流情况,很容易烧坏激光二极管,搭建温控电路时还须考虑到激光二极管的保护问题。若采用数字控制的方法,可使设计简单,并高效、稳定、精确地提供控制信号,温度控制驱动电路可采用集成了控制电路与各种保护功能的专用芯片(如 MAX1968 等),为热电制冷器提供恒定精确的电流,其电路实现如图 3.14 所示。

管脚 LX1、LX2 连接芯片内部的两个同步降压稳压器,稳压器输出端配有 4 个高效的 MOSFET,两个管脚输出的电流经过 LC 滤波网络滤波后,输入 TEC。两个稳压器同时工作产生一个差动电压,直接控制 TEC 电流,实现 TEC 电流的双向控制,双极性工作避免了线性驱动所存在的"死区"问题,以及轻载电流时的非线性问题,即实现无"死区"线性温度控制。外部控制电路的输出电压加在 TEC 电流控制输入端 CTL1,可直接设置 TEC 电流,通过直接采用模拟电压控制的方法,消除了 TEC 中的浪涌电流。流过热电制冷器的电流为

$$I_{TEC} = \frac{V_{TEC} - V_{REF}}{10R_{SENCE}} \qquad (3-20)$$

式中,I_{TEC} 为输出电流;V_{TEC} 为输入控制电压;V_{REF} 为参考端电压;R_{SENCE} 为外置敏感电阻。

参考电压 V_{REF} 由 MAX1968 内部集成的参考电压源提供,为 1.5 V,这样控制电压就以 1.5 V 为中心,当 $V_{CTLI} > 1.5$ V 时,电流从 OS2 经过 TEC 流向 OS1,TEC 中流过反向电流而制冷,此时 OS1、OS2、CS 这 3 个引脚的电压关系为:$U_{VOS2} > U_{VOS1} > U_{VCS}$;反之,当 $V_{CTLI} < 1.5$ V 时,电流从 OS1 经 TEC 流向 OS2,TEC 中流过正向电流制热;而当 $V_{CTLI} = 1.5$ V 时,

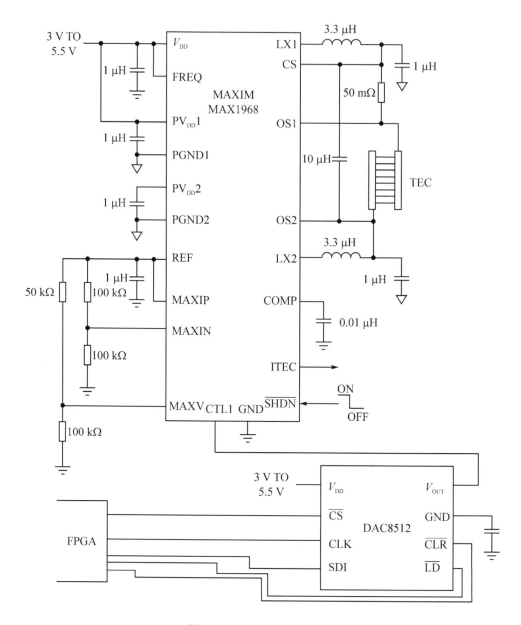

图 3.14 MAX1968 驱动电路

TEC 中无电流流动,既不制冷也不制热。FREQ 用来设置内部振荡器的开关频率,当 FREQ 接地,其频率为 500 kHz,FREQ 接电源,其频率为 1 MHz,500 kHz/1 MHz 开关频率可减小元件的尺寸和电源噪声,为了确保电流控制环的稳定,在 COMP 端接一个 0.01 μF 的补偿电容。流过

TEC 的最大正向电流和反向电流,是独立控制的,可根据使用的 TEC 在 REF 和 GND 之间通过分压电阻的引脚 MAXIP 和 MAXIN 端进行设置。ITEC 引脚的输出电流与 TEC 中通过的电流具有线性关系,实时监测 TEC 中通过的电流大小,并通过 CS 与 OS1 之间的电流感应完成电阻取样。TEC 具有电压限制功能,可通过 MAXV 引脚设置允许加在 TEC 两端的最大电压,在 REF 和 GND 之间通过分压电阻设置 V_{MAXV},使其在 $0\sim1.5\ V$ 内变化,而通过 TEC 的电压为 V_{MAXV} 的 4 倍。此外 MAX1968 还提供了一个引脚 $\overline{SHDN}$,在器件不工作的时候将其电平拉低即器件被设置为关断模式,从而减小器件功耗。

MAX1968 的控制信号 V_{TEC} 是由 FPGA 经过计算泵浦激光器的温度偏差后得到的,并经过 DAC8512 转换为模拟电压加在驱动芯片上。DAC8512 为 8 管脚封装形式,除了电源和地线,管脚 V_{OUT} 是输出的模拟信号。引脚 SDI 接收 FPGA 发送的 12 位串行数据,并将数据存储在内部的移位寄存器里,每接收一组 12 位数据,引脚 $\overline{LD}$ 上就会输入一个负脉冲,负脉冲的下降沿将 12 位数据锁存在芯片内部的寄存器里并转换为模拟信号。引脚 $\overline{CS}$ 输入低电平时,芯片才会工作,和 FPGA 完成实时通信,保证每次传输的数据无误。引脚 $\overline{CLR}$ 是复位端,可以在芯片工作异常时复位。

MAX1968 的最大输出电流为 3 A,而泵浦激光器的 TEC 允许通过的最大电流为 1.5 A,所以需要在电路中加入限流部分以将电流控制在 $\pm1.5\ A$ 内,FPGA 通过控制电压 V_{TEC} 的大小来控制,具体实现在控制芯片 FPGA 内部。

3.4 基于 FPGA 的数字控制逻辑实现

FPGA 作为核心控制芯片,实时接收检泵浦源的功率与温度,并与设定的基准值相比较,判断差值大小实时给出功率与温度控制信号,程序流程图如图 3.15 所示。

由于 FPGA 芯片的优势是逻辑计算与比较,乘法效率和耗费较大,因此在设计控制算法时,以模糊控制思路进行设计,控制过程以比较和加减

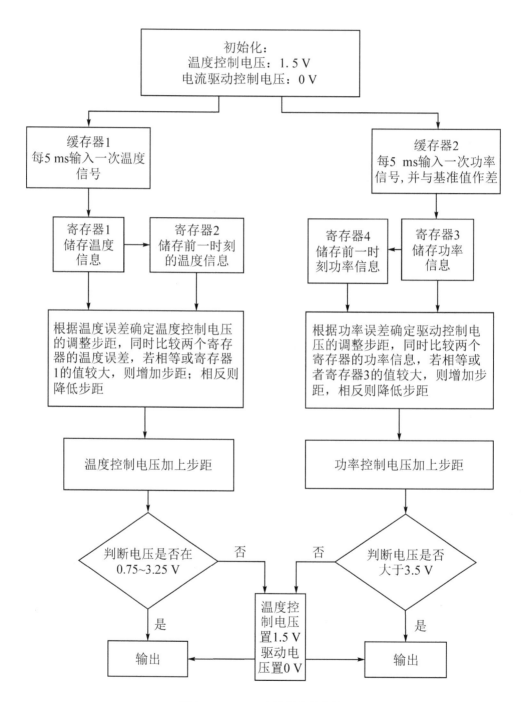

图 3.15　FPGA 内部程序流程图

算法为主。首先进行系统初始化,由于温度控制电压在 1.5 V 时 MAX1968
不工作,所以设定初始值为 1.5 V;而驱动电流的控制电压要保证电流在
300 mA 内可调,所以取最低值零。控制电压的调整采用步进的形式,首
先设定电压的调整步距电压,在功率或者温度高于设定值时,控制电压减
去步距电压,相反则加上步距电压,直到功率、温度在设定值附近。同时,
步距电压是变化的,其调整步距是随温度、功率与设定值之间的误差值的
变化而变化。当误差值较大时,调整步距相应增大;而当误差值减小时,调
整步距相应变小,直至为零。为了保证整个控制过程的平稳,在已经加上
控制电压的电路,若温度、功率仍旧在快速偏离设定值时,说明所加电压不
能满足调整要求则须增大调整步距;相反,若温度、功率快速趋近于设定
值,说明控制电压过大,需要减小调整步距;若温度、功率缓慢达到设定值,
应避免温度、功率在设定值附近震荡。最后则要在软件上设定过压保护,
在输出控制电压之前,要对其进行判断,确认输出电压是否在泵浦激光器
等硬件芯片的工作电压内,以防止损坏 MAX1968 和泵浦激光器。

　　具体到 FPGA 内部的实现,可以采用硬件描述语言并采用自顶向下
的设计方法,用一系列分层次的模块来表示复杂的数字系统,基于此可以
将整个系统的设计分为以下几个模块来实现。

　　① 锁存器模块。锁存器比较简单,在时钟上升沿将功率信号、温度信
号和设定的功率基准值同时锁存并保持。

　　② 比较模块。比较模块根据设定值与输入信号之差,产生一个标志
位,保证差值总是正数,以避免符号减法,同时也可以根据标志位来确定控
制电压加上步距还是减去步距。功率模块的仿真如图 3.16 所示。图中,
xlxn_14 为功率基准,xlxn_13 为输入功率信号,xlxn_25 为模块输出误差
信号,xlxn_7 为标志位,标志位为"00"时表示输入信号小于基准值,为
"11"时表示输入信号大于基准值,为"10"时则表示两者相等。

　　③ 判断模块。在判断模块中,输出信号即为控制电压的调整步距。
首先判断本次输入信号与基准值的误差范围,总共分为 4 挡:A1＞A2＞
A3＞A4,分别对应 4 个步长:STEP1＞STEP2＞STEP3＞STEP4,然后将
本次误差与上次误差较比较。当误差大于 A1 并且本次误差较大时,模块
输出的步距为 STEP1,相反本次误差较小时,输出步距为 STEP2;而当本

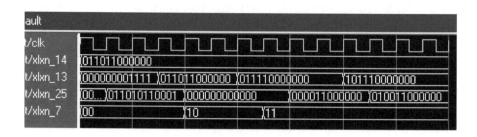

图 3.16　功率比较器仿真波形

次误差在 A1 与 A2 之间并且本次误差值较大时,模块输出 STEP1,相反则输出 STEP2;以此类推,直到误差为 0 时,模块输出步距为 0。温度判断模块的仿真如图 3.17 所示。图中,tmpo 为温度信号输入,t 为标志位,temp 和 terro 是模块内部定义的信号,分别存储本次误差和上次误差。输入温度信号就是一个差值,所以并没有经过比较。同时输入的温度信号是一个符号值,所以标志位 t 直接通过输入信号的最高位来确定。

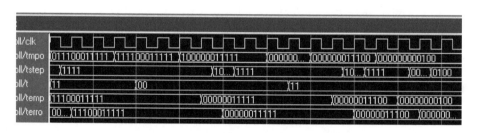

图 3.17　温度判断模块仿真波形

　　④ 保护模块。根据泵浦激光器的最大驱动电流和 MAX1968 的最大控制电压,在采用步进调整时,控制电压是通过累加得到的,在异常情况下会出现严重的漂移,使得 FPGA 输出的控制电压超出范围,所以加入保护电路,在异常情况下,使系统的控制电压为 0,系统停止工作。

　　⑤ 并串转换。FPGA 内部所有的信号都是并行信号,所以产生的控制电压需要转换为串行信号,同时为保证数模转换芯片的精度,需要与 FPGA 进行通信,因而有辅助的控制端,该控制端与数据端相结合才能正常工作。

　　⑥ 分频器模块。为 FPGA 提供工作时钟的是频率为 1.8 MHz 的晶振,实际控制需要 50 ms。同时一次并串转换至少需要 12 个时钟,每个时

钟的时间不少于 60 ns,每个周期取 16 个时钟,这样每个控制周期至少为 960 ns。对晶振分别采用 2 048 分频和 256 分频,以满足系统的需要。

3.5　激光器稳定性分析

以 WTD 公司的 LDM3S735 为例,其额定功率为 200 mW,中心波长为 980 nm 的单模激光器,其测试温度为 25 ℃。按照设计的驱动电路搭建好电路板后,分别对输出功率稳定性和功率控制准确性进行测试。

测试泵浦源功率稳定性的方法为:设定基准功率为 90 mW,测量时间为 90 min,每隔 5 min 测量一次数据。其测试数据是通过光功率计测试泵浦源的输出功率获得的。在测量功率稳定性的同时进行温度稳定性的测试,温度稳定性的测试方法与功率的测试方法相同。泵浦源温度不能直接测量,需要通过提取温度检测电路中模数转换芯片 AD9220 的 INA 输入端的电压来测量,当施加温度控制电路时,INA 端的理想电压应该是 2.5 V 或者在 2.5 V 左右微幅振荡。实际的测试数据如表 3.1 所列。

表 3.1　泵浦源功率与温度稳定性测试

时间/min	功率/mW	电压/V	时间/min	功率/mW	电压/V
5	89.915	2.139	50	89.983	2.249
10	89.986	1.742	55	89.976	2.378
15	90.016	1.411	60	89.965	3.271
20	90.025	1.539	65	89.954	2.678
25	90.089	1.843	70	89.951	2.139
30	90.065	2.378	75	89.936	1.877
35	90.035	2.695	80	89.952	1.689
40	90.003	2.923	85	89.964	2.711
45	89.990	2.595	90	89.985	2.193

为了更加直观地衡量泵浦源的稳定性,将测试数据用图形表示,如图 3.18 所示。从图中可以看出,泵浦源的功率稳定性是比较好的,在 90 min 的测试时间内,功率波动不大,精确性优于 0.1%,但是还不能达到

0.01%。功率稳定性不够高的原因可能是在搭建驱动电路的恒流源时选用的三极管 TIP41 精度不够,由于其功率过大,精度难以保证,驱动电流不是非常稳定。

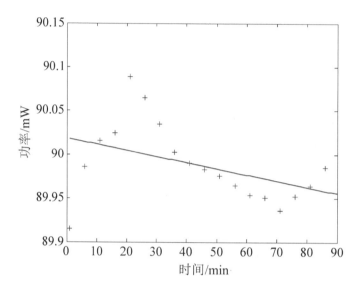

图 3.18　泵浦源功率稳定性测试曲线

　　泵浦功率的温度稳定性的评估则需要经过换算得出。要求泵浦源工作温度的变化范围较小,经过控制其实际变化范围也很小,所以热敏电阻阻值的计算可以采用温度小范围变化时的经验公式,即

$$R_T = R_N e^{B(1/T - 1/T_N)} \qquad (3-21)$$

式中,T 为热敏电阻实际热力学温度;T_N 为热敏电阻的额定热力学温度;B 为 NTC 热敏电阻的材料常数,即热敏指数,值为 3 900;R_T 为热敏电阻在温度 T 时的电阻值;R_N 为热敏电阻在额定温度 T_N 时的电阻值。

　　式(3-21)本身是经验公式,只有在额定温度的范围内具有一定的精确度,在我们的系统中是可以满足要求的。结合式(3-16)可以推算出测定的 INA 电压对应的温度,用此温度数据标定的曲线如图 3.19 所示。由图可以看出泵浦源的温度稳定在 25 ℃,温度偏差不超过 0.1 ℃,对于泵浦源而言,可保证泵浦光的波长偏移所引起的超荧光平均波长的变化小于 1 ppm,满足泵浦源的温度稳定性要求。泵浦源功率控制准确性的测量方法是:调整基准功率在 0~100 mW 内变化,每次增加 5 mW,稳定5 min 之后测量泵浦源的输出功率(工作温度设定在 25 ℃),测试的曲线如图 3.20

所示。由图可以看出,驱动电路的控制精度是可以满足要求的,精度优于 0.1%可保证泵浦功率对光源输出的平均波长稳定性影响很小。

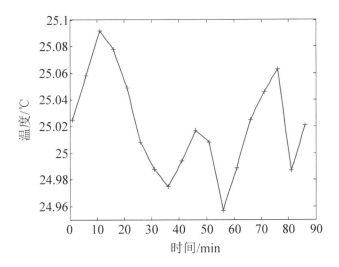

图 3.19 泵浦源温度稳定性测试曲线

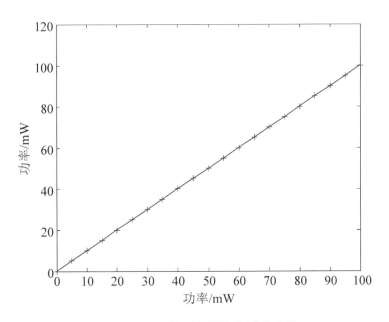

图 3.20 泵浦源控制精度测试曲线

本章小结

　　本章从泵浦源的基本原理出发，对泵浦激光器的功率控制和温度控制进行了分析，提出了泵浦源驱动电路的总体设计，具体分为恒流驱动、功率控制、温度检测与控制四个部分，以 FPGA 作为控制芯片设计了具体控制规律。泵浦激光器的功率控制和温度控制为光纤超荧光光源的波长稳定和功率稳定奠定了基础。

第4章　铒离子掺杂特性对 EDFS 性能影响

铒离子在光纤中的掺杂浓度影响 EDFS 的很多性能。首先,掺铒光纤泵浦光损耗机制中的谐振上转换效应与铒离子的浓度有关,这些损耗直接影响 EDFS 将泵浦光转换为 ASE 光的效率。其次,由于荧光俘获效应,铒离子的浓度会影响 EDFS 光谱形状及其结构的优化问题,合适的掺铒光纤长度可以提高 EDFS 的波长稳定性,而最优的光纤长度则取决于铒离子的浓度。再次,掺铒光纤中的损耗效应将泵浦光转换为热量,造成掺铒光纤温度升高,而温度是影响 EDFS 波长稳定的关键因素。最后,采用合理铒离子浓度的掺铒光纤可以有效降低 EDFS 的成本,合适的铒离子浓度可以消减损耗效应,降低对泵浦功率的需求,从而可以在泵浦源上节约成本。所以,对掺铒光纤中铒离子浓度的研究是有必要的。

4.1　铒离子谐振上转换效应

掺铒光纤中能够造成泵浦光浪费的效应主要包括激发态吸收(ESA)效应、光纤中的散射效应以及谐振上转换效应。ESA 效应包括了泵浦态吸收泵浦光、激发态吸收泵浦光和 ASE 光子的 ESA 过程,但是由于铒离子的特殊结构和泵浦带的合理选择,ESA 效应较小通常可以忽略。光纤制备技术的提高光纤中的散射效应造成的光子浪费可以被忽略。因此,泵浦光的损耗主要是由铒离子浓度增大而提高的上转换效应造成的。

4.1.1　谐振上转换效应机理分析

所谓谐振上转换效应是指掺铒光纤中部分铒离子之间发生相互作用,造成铒离子在激发态的荧光寿命减短而不辐射光子。这有以下两方面原因,一是因为铒离子间距太小,铒离子成对或成团出现,称之为铒离子对或铒离子团簇,该情况的上转换效应称之为离子对致淬灭效应(PIQ);另一个原因是同质铒离子之间可能发生谐振而产生的上转换效应,称之为同质上转换效应(HUC)。这两种上转换效应在光纤中的作用原理如图 4.1所示。

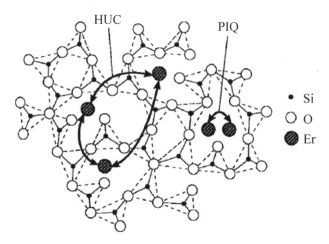

图 4.1　光纤中铒离子间的相互作用

在实际的光纤中 PIQ 发生的概率远远高于 HUC 的概率,PIQ 也可以直接称之为铒离子对效应或团簇效应,其原理如图 4.2 所示。铒离子对中的两个铒离子 Ion_1 与 Ion_2 同时被泵浦到了高能级 $^4I_{13/2}$,在正常情况下,两个离子都应该跃迁到 $^4I_{15/2}$ 能级,同时辐射两个 1 550 nm 左右的光子。但是由于两个离子的距离太近而发生相互作用,其中离子 Ion_1 将本身的能量传递给离子 Ion_2(也可以看作 Ion_1 辐射的光子直接被 Ion_2 吸收),没有辐射光子就回到了低能级,而 Ion_2 被泵浦到了更高的 $^4I_{9/2}$ 能级,由于离子

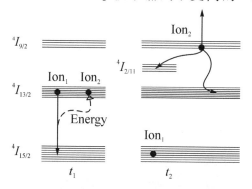

图 4.2　铒离子对效应导致的谐振上转换

在 $^4I_{9/2}$ 能级的寿命很短，只有几个 μs，会很快地非辐射弛豫到 $^4I_{11/2}$ 或者 $^4I_{13/2}$，如图 4.2 中 t_2 时刻的曲线所示，Ion_2 甚至会继续吸收泵浦光的能量被泵浦到更高的能级上。不管哪种情况会发生，都会浪费一半的泵浦功率，同时这一过程产生的热量会改变光源的温度系数。

4.1.2 谐振上转换效应模型

掺铒光纤中的铒离子可以分为独立的铒离子和相互作用的铒离子。相互作用的铒离子中只存在两个状态：所有铒离子都在低能级和只有一个铒离子在高能级，当超过一个铒离子处于高能级时，必然会发生上转换效应。假定相互作用的铒离子总是成对出现，在铒离子总数中所占比例为 β，得

$$N_s = N_d - N_p = (1 - \beta)N_d \qquad (4-1)$$

式中，N_s 是独立铒离子的数量；N_d 是总离子数；N_p 是铒离子对的数量。

铒离子的速率方程被修正为

$$\frac{dn_{s2}}{dt} = \left[\sum_\nu W_{a\nu}\right]n_{s1} - \left[\sum_\nu W_{e\nu} + \frac{1}{\tau}\right]n_{s2} \qquad (4-2)$$

式中，$n_{si}(i=1,2)$ 是自由铒离子在低能级和高能级的离子数；$W_{a\nu}$ 和 $W_{e\nu}$ 分别是在频率 ν 处的吸收和辐射截面。

铒离子对具有三个状态：所有离子在高能态、只有一个离子在高能态以及所有离子都处于低能态，得

$$\frac{dn_{p1}}{dt} = \left[\sum_\nu W_{a\nu}\right]n_{p2} - 2\left[\sum_\nu W_{e\nu} + \frac{1}{\tau} + \frac{1}{\tau_p}\right]n_{p1} \qquad (4-3)$$

$$\frac{dn_{p2}}{dt} = \left[\sum_\nu W_{e\nu} + \frac{1}{\tau} + \frac{1}{\tau_p}\right]n_{p1} + \left[\sum_\nu W_{a\nu}\right]n_{p3} -$$

$$\left[\sum_\nu (W_{a\nu} + W_{e\nu}) + \frac{1}{\tau}\right]n_{p2} \qquad (4-4)$$

$$\frac{dn_{p2}}{dt} = \left[\sum_\nu W_{e\nu} + \frac{1}{\tau}\right]n_{p2} - 2\left[\sum_\nu W_{a\nu}\right]n_{p3} \qquad (4-5)$$

式中，$n_{pi}(i=1,2,3)$ 分别表示处于三个状态的离子对数量；τ_p 为上转换效应的时间。

在稳态时，可以求解上述方程为

$$n_{s2} = \frac{\tau \sum\limits_{\nu} W_{a\nu}}{\tau \sum\limits_{\nu} W_{a\nu} + \tau \sum\limits_{\nu} W_{e\nu} + 1} n_{d} \qquad (4-6)$$

$$n_{p1} = \frac{\left[\sum\limits_{\nu} W_{a\nu}\right]^2}{\left[2\sum\limits_{\nu} W_{a\nu} + \sum\limits_{\nu} W_{e\nu} + \dfrac{1}{\tau}\right]\left[\sum\limits_{\nu} W_{e\nu} + \dfrac{1}{\tau} + \dfrac{1}{\tau_p}\right] + \left[\sum\limits_{\nu} W_{a\nu}\right]^2} n_{p} \qquad (4-7)$$

$$n_{p2} = \frac{\sum\limits_{\nu} W_{a\nu}\left[\sum\limits_{\nu} W_{e\nu} + \dfrac{1}{\tau} + \dfrac{1}{\tau_p}\right]}{\left[2\sum\limits_{\nu} W_{a\nu} + \sum\limits_{\nu} W_{e\nu} + \dfrac{1}{\tau}\right]\left[\sum\limits_{\nu} W_{e\nu} + \dfrac{1}{\tau} + \dfrac{1}{\tau_p}\right] + \left[\sum\limits_{\nu} W_{a\nu}\right]^2} n_{p} \qquad (4-8)$$

$$n_{p3} = \frac{\left[\sum\limits_{\nu} W_{e\nu} + \dfrac{1}{\tau} + \dfrac{1}{\tau_p}\right]\left[\sum\limits_{\nu} W_{e\nu} + \dfrac{1}{\tau}\right]}{\left[2\sum\limits_{\nu} W_{a\nu} + \sum\limits_{\nu} W_{e\nu} + \dfrac{1}{\tau}\right]\left[\sum\limits_{\nu} W_{e\nu} + \dfrac{1}{\tau} + \dfrac{1}{\tau_p}\right] + \left[\sum\limits_{\nu} W_{a\nu}\right]^2} n_{p} \qquad (4-9)$$

亚稳态的总离子数 N_u 可以表示为

$$N_u = n_{s2} + 2n_{p1} + n_{p2} \qquad (4-10)$$

将式(4-6)~式(4-9)代入公式(4-10)再代入 EDFS 的功率传输方程(2-114),在给定 β 的情况下,通过求解即可获得上转换效应对光源性能的影响。通过修正的速率方程(4-2),可以看出当泵浦饱和时,至少有 $\beta/2$ 的铒离子处于基态,严重降低了 EDFS 的转换效率。

图 4.3 所示为具有不同 β 的掺铒光纤在仿真时的转换效率。所用光源结构为单程后向结构,泵浦选择 1 480 nm 波段,由量子理论可知,泵浦光与荧光之间的转换效率为

$$C_e = \frac{h\nu_s}{h\nu_p} = \frac{\lambda_p}{\lambda_s} \qquad (4-11)$$

式中,λ_p 为泵浦光波长;λ_s 为 ASE 光波长,取 1 550 nm。可以看出泵浦 1 480 nm 波长的理论效率是 95.5%。采用单程后向结构时,其最低效率为 47%。然而从图 4.3 可以看出,虽然在 $\beta=0.01$ 时已经造成了泵浦效率

的下降(不足 45%),但仿真表明,EDFS 转换效率受谐振上转换效应的影响。随着 β 的升高而下降,同时,泵浦的阈值也随着 β 的升高而增大,在 $\beta=0.5$ 时,泵浦光被严重浪费,阈值甚至达到了 40 mW。所以设计 EDFS 必须选择 β 小的掺铒光纤。

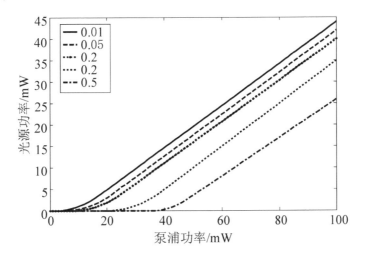

图 4.3　不同 β 时 EDFS 的转换效率

4.2　铒离子掺杂特性模型

铒离子对效应是掺铒光纤中铒离子间距过小造成的,即铒离子的掺杂浓度决定了光纤中铒离子的掺杂特性。

4.2.1　铒离子掺杂特性模型的建立

根据 MCVD 制备掺铒光纤的特点,可以采用正态分布来描述纤芯中铒离子间距的统计特性,即

$$P(d) = \frac{1}{\sqrt{2\pi}\Delta d} e^{-\frac{(d-\bar{d})}{2(\Delta d)^2}} \qquad (4-12)$$

式中,$P(d)$ 为铒离子间距的分布概率;$\bar{d}$ 为理想掺杂距离,与铒离子的掺杂浓度成反比;Δd 为铒离子间距偏离 $\bar{d}$ 的程度,与铒离子的掺杂匀度成反比。

铒离子间距的分布曲线如图 4.4 所示,图中,$d_0 = \bar{d}$,d_{th} 表示当两个

钼离子的距离小于该数值时会相互作用,发生上转换效应。钼离子对的数量则取决于 d_{th} 的分布函数,即

$$\beta = F(d_{th}) \tag{4-13}$$

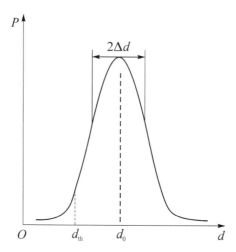

图 4.4　钼离子间距分布

可通过确定三个参数 $\bar{d}$,Δd,d_{th} 即可确定掺钼光纤中钼离子对的比率。然而,对于如何确定钼离子浓度 C_{Er} 与 $\bar{d}$ 的函数关系,这一直是国内外的研究难点,到目前为止还没提出一种可以预估掺钼光纤中钼离子对数量的数学公式。所有已知光纤中钼离子对的比率都是通过试验方法测定的,即对于同种光纤选取掺杂浓度较高和较低两种情形,分别测定其吸收截面和辐射截面,对比其差异,可得到钼离子对的比率。本节试图通过 $\bar{d}$ 和 Δd 与钼离子浓度以及掺杂匀度的反比例关系,通过多项式拟合的方法,找到该关系。如果单纯考虑一个反比例,与前者相比只相差一个比例系数。其关系可以表示为

$$\bar{d} = \frac{1}{AC_{Er} + B} \tag{4-14}$$

式中,A,B 为待定系数。

式(4-14)有时需要在右边加上绝对值号,以更加贴近其物理意义,扩大应用范围。

Δd 与钼离子掺杂匀度有关,但是由于匀度难以衡量,所以需要用其余参数替代。研究表明,在掺钼光纤中共掺 Al^{3+} 能有效提高 Er^{3+} 在玻璃

中的溶解度,即相当于提高了 Er^{3+} 间距分布的匀度,缩小了 Δd。但随着 Al^{3+} 掺杂浓度 C_{Al} 提高不能无限限制 Er^{3+} 的上转换效应,但是由于这种关系还不清楚,只能用多项式拟合的方法给出,简便起见,取与式(4-14)相同的形式:

$$\Delta d = \frac{1}{C \cdot C_{Al} + D} \qquad (4-15)$$

式中,C,D 为待定系数。

d_{th} 的测定已有很多文献报道,限于实验条件并未测试,直接取相关文献报道的参数 $d_{th} = 1.95\ nm$。

式(4-14)和式(4-15)共有 A,B,C,D 四个参数需要确定,只要知道 4 种光纤的掺杂特性以及光纤中的铒离子对的比率即可以通过待定系数法确定模型中的参数,为了验证所提出的模型,从已经报道的有确定离子对比率的光纤中选用 4 种,其参数如表 4.1 所列。

表 4.1　光纤掺杂特性

光纤型号	C_{Er}/mole ppm	C_{Al}/mole ppm	β
1	110	15 000	0.019
2	270	30 000	0.058
3	1 040	80 000	0.16
4	750	7 500	0.16

依据正态分布的分布函数定理可得

$$F(d_{th}) = \Phi\left(\frac{d_{th} - \bar{d}}{\Delta d}\right) = \beta \qquad (4-16)$$

式中,Φ 是标准正态分布的分布函数,为 Φ^{-1} 为逆运算。结合表 4.1 可得到含有 4 个方程的方程组,可得此系统模型的两组解,如表 4.2 所列。

表 4.2　系统模型的解

模　型	A	B	C	D
取　值	$-0.346\ 281\ 31 \times 10^{-2}$	$3.400\ 641\ 273$	$0.174\ 736\ 889 \times 10^{-4}$	$-1.541\ 412\ 679$
	$-0.550\ 004\ 303 \times 10^{-3}$	$-0.105\ 726\ 38$	$-0.468\ 977\ 51 \times 10^{-6}$	$-0.252\ 949\ 327\ 6$

若对式(4-14)和式(4-15)取绝对值,同样只需要 4 种光纤即可以得到拟合的模型。但是通过对其求解发现两个公式的一般解有 12 个,而且 12 个解可分为三组,每组当中的 4 个解所建模型的仿真结果相同。所以相当于只有 3 个解,其中只有一个解所建模型与实验是相符的。

4.2.2　铒离子掺杂特性仿真实验分析

为了验证所构建的模型能否合理评估光纤中的上转换效应,选取了 5 种光纤进行评估,利用式(4-16)计算出光纤中的离子对比率,并根据之前的谐振上转换效应作理论曲线,与实验数据作对比。光纤参数如表 4.3 所列,理论的铒离子对比率分别用式(4-14)和式(4-15)的两组解得到,第三个值是对两个公式取绝对值后的一个方程计算得出。

表 4.3　选用的掺铒光纤参数

光纤参数	Er01	Er02	Er03	Er04	Er05
1 530 nm 吸收峰/(dB/m)	4	7	10	40	40
吸收截面	0.211	0.211	0.211	0.211	0.211
共掺元素	Al/Ge	Al/Ge	Al/Ge	Al/Ge	Al/Ge
铝离子浓度/mole ppm	15 000	15 000	15 000	30 000	15 000
纤芯半径/μm	2.4	2.4	2.4	4.25	4.25
数值孔径	0.22	0.22	0.22	0.12	0.12
掺杂半宽/μm	2.11	2.12	2.22	4.60	4.52
铒离子浓度/mole ppm	54.5	94.7	127.6	437.7	446.5
离子对比率	0.018 1 0.007 8 0.010 4	0.019 0.015 5 0.016 6	0.019 7 0.023 0.022 8	0.074 0.098 5 0.133 5	0.035 0.107 0.158 7

掺铒光纤的标称参数中并未包含铒离子的掺杂特性,其掺杂特性可表示为

$$C_{Er}=\frac{W_d^2+W_{01}^2}{\sigma W_d^2}\alpha \qquad (4-17)$$

式中,α 为光纤在 1 530 nm 的吸收系数;σ 为 1 530 nm 的吸收截面;W_d 为纤芯铒离子的掺杂半宽。W_{01} 为

$$W_{01} = a(0.65 + 1.619V^{-1.5} + 2.879V^{-6}) \qquad (4-18)$$

式中,a 为纤芯半径;V 为光纤在 1 530 nm 时的 V 数。

　　掺铒光纤中铒离子上转换效应影响最大的是泵浦的效率问题,对于 980 nm 泵浦光来说,理论上产生平均波长为 1 550 nm 荧光的极限效率是 63.25%。实际情况中,由于掺铒光纤较短,背景损耗可以忽略,但由于焊接损耗以及铒离子的激发态吸收等损耗机制存在,这个效率是很难达到的。在试验中,通过焊接机来估算在更换光纤时由于焊接而产生的损耗不等的情况,结果发现这个差别很小,只有 0.01 dB,但由于更换不同掺杂浓度的掺铒光纤而导致泵浦效率差别很大,所以焊接损耗的差异在试验中被忽略。图 4.5 所示为采用表 4.3 中的掺铒光纤制作光源进行泵浦效率试验的结果(光纤长度均为 10 m,采用单程后向结构光源试验,泵浦功率从 10 mW 一直增加到 140 mW 每隔 5 mW 测试一组荧光功率)。

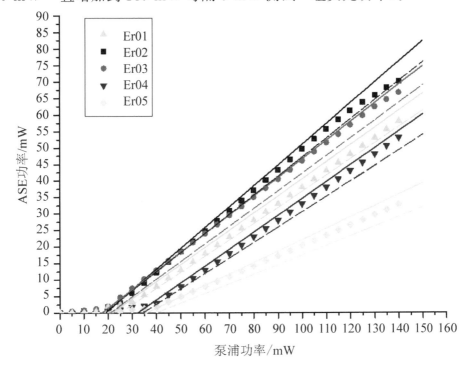

图 4.5　采用不同光纤时 EDFS 光源的阈值与效率

　　图 4.5 所示的是具有不同铒离子浓度的掺铒光纤光源的泵浦效率,直线和长虚线是仿真数据,实验数据用描点表示。为了从图上更清晰地比较所提出的模型存在的问题,采用第一组理论铒离子对比率的仿真结果没有给出,因为第一组明显与实验不符。图 4.5 中的直线是依据第二组铒离子对比率给出的,可以看出第二组理论数据所建立的模型稍高于试验数据,而虚线所表示的第三组数据则稍低。实际上,仿真效率应该稍高于试验实际效率,这是由于在仿真的过程中忽略了光子的激发态吸收效应、背景损耗等损耗机制。相对来说,第二组的效果要好一些。

　　从图 4.5 可以看出,随着掺杂浓度的提高,光源的发光阈值也随之增高,从 18 mW 一直增加到 40 mW。泵浦效率随铒离子浓度的增高先增高后降低,当铒离子浓度为 95~120 mole ppm 时达到最高值。原因是铒离子浓度过低造成泵浦光吸收不充分,而浓度过高团聚效应明显从而降低了光转换效率。但是光纤 Er04 浓度较高时效率也比较高,这是由于该光纤中掺杂的铝离子浓度较高,铝离子可以提高铒离子在硅光纤中的溶解度从而提高铒离子在光纤中的分散度和匀度,从而降低了团簇效应。随着泵浦功率的增大,特别是在泵浦功率达到了 95 mW 以后,泵浦效率偏离了线性轨道,浓度越高的光纤偏离越大,这恰好说明了 980 nm 泵浦时的激发态吸收效应,在大功率泵浦时激发态吸收变得显著,而离子浓度增大更加剧了这种效应。

　　但是,当把第二组模型应用于其余两根光纤(参数如表 4.4 所列)时,仿真结果与实验数据相差较大,其发光效率如图 4.6 所示。图中的理论曲线用直线表示,实测数据描点显示,可以看出模型预测与实验测得的数据背离较大。通过分析表 4.3 与表 4.4 中的铒离子浓度与铝离子浓度可以看出表 4.4 中的两根光纤中铒离子与铝离子的浓度比值太小,限制了光源的性能,也限制了模型的适用性,这也表明所建模型是能够进行好中选优的。在选择掺铒光纤时应该避免这种情况,光纤中铝离子浓度与铒离子浓度比值应大于 20。对于能够适用于所有光纤的模型则需要更多的样本范围,以及选用更高次多项式进行拟合。

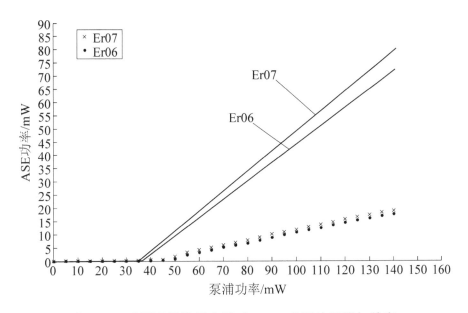

图 4.6　采用两根特例光纤时 EDFS 光源的阈值与效率

表 4.4　特殊的掺铒光纤参数

光纤参数	1 530 nm 吸收峰/(dB/m)	铝离子浓度/mole ppm	纤芯半径/μm	数值孔径	掺杂半宽/μm	铒离子浓度/mole ppm
Er06	7.9	560	1.6	0.24	1.23	125
Er07	8.3	3000	1.6	0.24	1.23	270

4.3　铒离子掺杂特性对 EDFS 光谱的影响

　　EDFS 能够生成宽谱 ASE 的原因有两个:一是由于硅基光纤中玻璃晶格的热振动造成铒离子能级的均匀展宽,这是形成 ASE 宽谱光源的基础;二是与铒离子荧光俘获效应有关,而荧光俘获效应受铒离子掺杂浓度的影响,该浓度是光纤掺杂特性影响 EDFS 光谱特性的主要因素。

　　荧光俘获效应是指铒离子从激发态跃迁回基态时辐射的光子被处于基态的其他铒离子吸收的过程,而吸收了光子的基态铒离子则会被泵浦到激发态进而重复上述行为。荧光俘获效应发生的条件是掺铒光纤中的铒离子的辐射截面和吸收截面存在重叠(铒离子的重叠区域达到了 70% 以上),如图 2.3 所示。这也是其他能够产生宽谱光波的稀土元素的共有特性。荧光俘获效应发生的过程如图 4.7 所示。

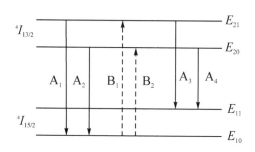

图 4.7 铒离子的荧光俘获效应

铒离子在光纤中的能级发生了 Stark 展宽,形成多条次能级,为了简化讨论,只考虑激发态 $^4I_{13/2}$ 与基态 $^4I_{15/2}$ 中的最高次能级 E_{21},E_{11} 和最低次能级 E_{20},E_{10}。从 $^4I_{13/2}$ 的两个次能级 E_{21} 和 E_{20} 向 $^4I_{15/2}$ 的最低次能级 E_{10} 跃迁的两个过程 A_1 与 A_2 所辐射的光子波长主要占据 EDFS 荧光谱中以 1 530 nm 为中心峰值的短波范围;而从 $^4I_{13/2}$ 的次能级 E_{21} 和 E_{20} 向 $^4I_{15/2}$ 的最高次能级 E_{11} 跃迁两个过程 A_3 与 A_4 所辐射的光子波长主要占据 EDFS 荧光谱中以 1 560 nm 为中心峰值的长波范围。所以很明显 A_1 与 A_2 辐射的能量要高于 A_3 与 A_4 辐射的能量。荧光俘获效应发生在 A_1 与 A_2 过程之后,在图 4.7 中以虚线 B_1 与 B_2 表示。处于基态的铒离子吸收来自 A_1 与 A_2 过程中辐射的光子被泵浦到 $^4I_{13/2}$,在这个过程中,光子的能量也被消耗了一部分,主要是以热运动的形式散失。光子在经过上述多次耗散后包含的能量已不足以使铒离子在 E_{10} 能级与 E_{21}、E_{20} 能级之间跃迁,而只能使铒离子跃迁回 E_{11} 能级,这样就造成了 EDFS 光谱向长波长方向的移动与光谱宽度的加宽。

铒离子浓度越高,掺杂匀度越差,铒离子之间的相互作用就越强,荧光俘获效应就越强,在实验中,也发现同样的趋势。为了定量地描述荧光俘获效应,引入荧光俘获参数,为

$$P_{trap} = \Lambda\left[1 - \mathrm{EXP}(-C_{er}\sigma_a\sqrt[3]{\pi a^2 L})\right] \qquad (4-19)$$

式中,Λ 为铒离子 $^4I_{13/2}$ 能级与 $^4I_{15/2}$ 能级之间的吸收截面与辐射截面重叠区域占整个吸收截面的比例;C_{Er} 为铒离子的掺杂浓度;σ_a 为吸收截面;a

为纤芯半径;L 为掺铒光纤的长度。

在已有的文献报道中,认为合理选择掺铒光纤的长度能够优化泵浦功率对 EDFS 平均波长的稳定性影响,并且 EDFS 的平均波长随着掺铒光纤长度的增大而增长。由于 EDFS 的平均波长是对荧光功率谱进行的功率加权平均,故随着光纤长度的增长,荧光俘获效应增强,且荧光光谱向长波方向移动造成了平均波长的增大,这在公式(4 - 19)中得到了验证。但当光纤长度确定时,泵浦功率也会影响到平均波长的长度,这在公式中没有得到体现,所以式(4 - 19)被修正成如下:

$$P_{\text{trap}} = \Lambda \left[1 - \text{EXP}(- C_{\text{er}} \sigma_{\text{a}} \sqrt[3]{\pi a^2 L / W_{\text{p}}}) \right] \qquad (4 - 20)$$

式中,W_{p} 为泵浦功率的速率。

从上述公式中看出仅从掺铒光纤长度方面来优化泵浦功率对 EDFS 平均波长的影响是不全面的,相对于采用调整掺铒光纤中铒离子浓度的优化方法,上述优化的方法效果不如后者明显。再者,现在掺铒光纤的种类多如牛毛,如果对每种光纤都采用试验确定其长度的做法成本较高,所以从光纤长度和铒离子浓度综合优化是最好的方法。其实,从公式(4 - 20)可以看出,荧光俘获效应与光纤中的铒离子总数成比例,有关的问题需要进一步地研究。

为了测定铒离子掺杂浓度对光源光谱的影响,在相同条件下分别测试不同铒纤的光源光谱,如图 4.8 所示,在所示的光谱中,随着掺杂浓度的变化,光谱形状呈现规律性变化。在高掺杂浓度时,由于存在团簇效应消耗了太多的泵浦光,使得光纤中的铒离子不能被充分泵浦,同时铒离子间距小更易发生荧光俘获效应。较短波段的 ASE 光被铒离子俘获并转换为较长波段的 ASE 光,使整个光谱倾向于长波长方向,EDFS 的功率相对来讲也很低。而当掺杂浓度较低时,由于铒离子的间距较大,每一个铒离子都能被泵浦,故不易发生荧光俘获,较短波段的 ASE 光占据了光谱的绝大部分。值得一提的是铝离子掺杂浓度较高的光纤虽然团簇效应也较小,但是由于铒离子浓度高,在相同泵浦条件下,泵浦光子与铒离子数量之比较低,所以较短波段的 ASE 光被吸收的概率较高,故其光谱在长波段的分量也较多。总之,无论是高浓度还是低浓度的光纤,其光谱的平坦度(如 Er01,Er04,Er05 号光纤光源)都不如中间两个类型(如 Er02,Er03)的光纤。

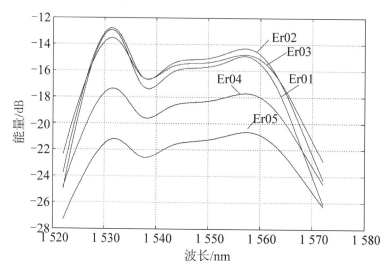

图 4.8　采用不同光纤时 ASE 光源的光谱

为了测定光源平均波长的稳定性,分别对采用五种光纤的光源进行了测试,结果如图 4.9 所示。限于条件仅进行了三组试验:第一组光纤长度为 10 m,分别测试了五种掺铒光纤的光源平均波长随泵浦功率的变化,其结果如图 4.9(a)所示;第二组光纤长度为 7 m 时,测试了五种掺铒光纤光源平均波长随泵浦功率的变化,如图 4.9(b)所示;第三组采取 4 m 光纤测试,结果如图 4.9(c)所示。

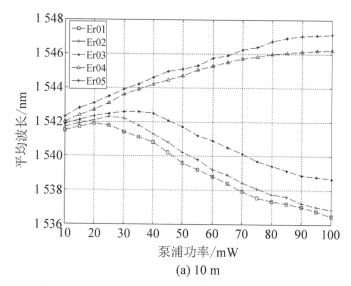

(a) 10 m

图 4.9　五种光源在不同光纤长度时的平均波长随泵浦功率的变化

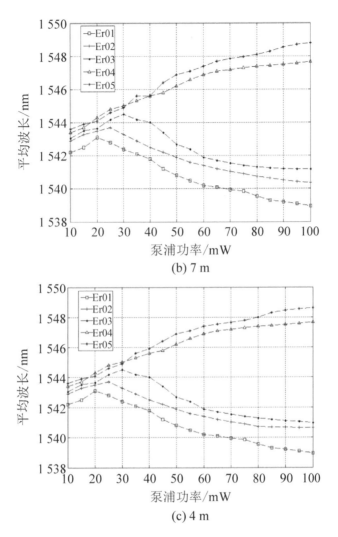

图 4.9　五种光源在不同光纤长度时的平均波长随泵浦功率的变化(续)

对比三组试验数据可以看到,随着泵浦功率的增加,三种较低浓度掺铒光纤的光源的平均波长变化趋势是相同的,即缓慢降低最后趋于定值。可以看出,不同浓度的光纤具有不同的最佳长度,最佳长度与掺杂浓度成反比,这与式(4-20)相吻合。随着铒离子浓度的增高该长度也在降低,在泵浦功率一定的情况下,浓度越高波长也越长。对于浓度较高的两根光纤来说,需要大泵浦功率,由于在 100 mW 以内的泵浦功率尚不能完全泵浦铒纤中的铒离子,所以其波长在增加,但是随着泵浦功率的加大,光源波长的变化趋势应该与其余三根光纤组成的光源特性一样。

光源的热稳定性还受泵浦波长的影响,针对不同的光源采用相同的光纤长度来测试,依据以上实验数据,当光纤长度为 10 m 时,五种光纤的光源稳定性都较好,所以采用的光纤长度是 10 m,功率采用 90 mW,其实验结果如图 4.10 所示。从图中可以看到五种光源平均波长随泵浦波长的变化趋势是相同的。在 976 nm 泵浦时存在一个最低点且较稳定,而在其他波段稳定性稍差,所以应该采用精密的温控技术来保证泵浦源的高稳定性。

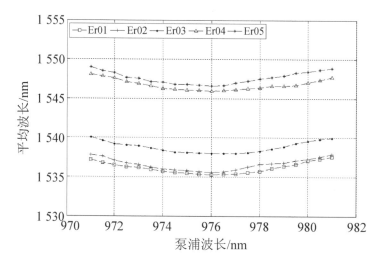

图 4.10　五种光源平均波长相对泵浦波长的变化

受掺铒光纤中铒离子团簇效应和荧光俘获效应的影响,采用铒离子掺杂浓度较高的掺铒光纤的 EDFS 具有较低的泵浦光转换效率。当铝离子的掺杂浓度高时,可以适当提高掺铒光纤中的铒离子浓度,在保证不降低 EDFS 效率的情况下缩短所需的光纤长度。随着铒离子浓度的增高,所用的最佳光纤长度缩短。无论采用何种掺杂浓度的光纤,泵浦波长对 EDFS 平均波长的影响都较大,故必须保持泵浦源的稳定。总之,在提高掺铒光纤铒离子浓度的同时提高铝离子的掺杂浓度是提高光源性能、降低成本的有效方法,在设计掺铒光纤光源时可以优先考虑采用中低掺杂浓度的光纤,掺杂浓度不宜超过 120 mole ppm,之后再针对掺铒光纤长度进行优化。

本章小结

　　本章主要研究了铒离子掺杂特性对 EDFS 泵浦光转换效率和光谱性能的影响。分析发现谐振上转换效应是铒离子掺杂浓度较高的光纤中泵浦光损耗的主要因素。在研究了谐振上转换效应的机理并分析了铒离子团簇效应导致的上转换模型后，发现铒离子掺杂特性是影响团簇效应的主要原因。根据 MVCD 掺杂方法的特点，提出了铒离子在光纤中的分布函数为正态分布，给出了衡量铒离子对存在比率的方法。并根据已有的掺铒光纤掺杂特性的报道，用多项式拟合的方法给出了铒离子对存在比率与铒离子浓度、铝离子浓度的关系，为如何选择适合 EDFS 用的掺铒光纤提供了参考。仿真与实验分析表明，在现有的光纤中所建模型能够较好地评估铒离子对的存在比率。掺铒光纤中的荧光俘获效应，会使 EDFS 光谱随铒离子浓度的提高向长波方向移动，并提高了谱宽。通过实验揭示了该效应与掺铒光纤长度和铒离子浓度有关，提出荧光俘获效应受铒离子总数目的影响，补充了以往只在掺铒光纤长度上优化 EDFS 的结论。

第 5 章　EDFS 温度特性

EDFS 的热稳定性因多个因素而受温度影响,可以用式(5-1)表示。

$$\frac{\mathrm{d}\bar{\lambda}}{\mathrm{d}t} = \frac{\partial\bar{\lambda}}{\partial\lambda_{\mathrm{p}}}\frac{\partial\lambda_{\mathrm{p}}}{\partial T} + \frac{\partial\bar{\lambda}}{\partial P_{\mathrm{p}}}\frac{\partial P_{\mathrm{p}}}{\partial T} + \frac{\partial\bar{\lambda}}{\partial T_{\mathrm{Er}}} \tag{5-1}$$

式中,$\bar{\lambda}$ 为 EDFS 的平均波长;λ_{p} 为泵浦光的波长;P_{p} 为泵浦功率;T 为温度。

式(5-1)中前两项是泵浦源相对于温度的变化对 EDFS 的影响,由于半导体激光技术的提高,泵浦稳定性可以得到保证,还可以通过优化 EDFS 结构参数减小其影响。最后一项是掺铒光纤本身的温度特性对 EDFS 的影响,该问题在目前还没有很好地解决,虽然可以通过试验测试的方法测得其温度曲线,而后采用补偿的方法或者通过控制光源温度来降低掺铒光纤本征温度特性的影响。但是由于光纤参数的多变、大范围温度应用的需要,以及成本问题,还需要进一步优化。本章主要通过理论和实验相结合的方法来分析解决掺铒光纤温度特性对 EDFS 影响的问题,首先需要做的是明确泵浦光对掺铒光纤温度的影响。

5.1　掺铒光纤温度场分析

研究掺铒光纤的温度特性之前,需分析光纤中温度场的分布情况。掺铒光纤本身温度的变化主要来自于外界温度的变化和光纤内部粒子对泵浦光的吸收两方面。光纤内部粒子对泵浦的吸收过程可以分为泵浦开启瞬态以及注入泵浦之后一段时间的稳态。泵浦光注入时,掺铒光纤中的温度分布 $T(r,t)$ 符合热传导方程

$$\rho c_{v}\frac{\partial T(r,t)}{\partial t} - \kappa\,\nabla^{2}T(r,t) = \eta P_{v}(r) \tag{5-2}$$

式中,ρ 为掺铒光纤的密度;c_{v} 为掺铒光纤的比热容;r 为光纤中任一点到

光纤中轴 z 的距离;κ 为热传导系数;P_v 为单位体积内的平均泵浦功率;η 为泵浦功率与产生热量之间的转换系数。

考虑到光纤是完全对称的柱形结构,利用式(5-2)的通解可以得

$$\Delta T(r,t) = \sum_{m=1}^{\infty} a_m J_0\left(\frac{p_m r}{b}\right) \exp\left(-\frac{r}{\tau_m}\right) \qquad (5-3)$$

式中,$\Delta T(r,t) = T(r,t) - T_0$ 为泵浦注入前后掺铒光纤的温差;b 为包层直径,对于双包层光纤,视为一个包层即可获得相应的精度;τ_m 为时间常数,得

$$\tau_m = \frac{\rho c_v}{\kappa}\frac{b^2}{p_m^2} = \frac{b^2}{D p_m^2} \qquad (5-4)$$

式中,D 是热扩散系数。

a_m 和 p_m 为过渡参数,需要满足两个条件。第一个条件是满足牛顿冷却定律所规定的边界条件,即

$$-\kappa \nabla T(r,t) = h(T(b,t) - T_0), \quad r = b \qquad (5-5)$$

将上式代入热传导方程的通解中,可得 p_m 为

$$p_m J_1(p_m) = \frac{hb}{k} J_0(p_m) \qquad (5-6)$$

$m=1$ 时,取近似 $p_1 = \sqrt{2hb/k}$,在 $m>1$ 时,由于 h 较小,取一阶 Bessel 函数 J_1 的第 m 个根代替 p_m。

第二个条件就是 $t=0$ 时的初始条件,光纤温度恒定,$a_m(t=0) = 0$,通过对式(5-7)积分可得 a_m

$$\frac{\partial a_m}{\partial t} = \frac{\int_0^b \frac{P_v(r)}{\rho c_v} J_0\left(\frac{p_m r}{b}\right) r \, \mathrm{d}r}{\frac{b^2}{2} J_0^2(p_m)\left(1 + \left(\frac{bh}{k p_m}\right)^2\right)} \exp\left(\frac{t}{\tau_m}\right) \qquad (5-7)$$

采用 980 nm 泵浦时,泵浦光在掺铒光纤多模传输,比较复杂。考虑采用 1 480 nm 泵浦,因其在掺铒光纤中单模传输,泵浦功率沿光纤径向可以看作是高斯分布,则有

$$P_v(r) = \frac{2P_0}{\pi \omega_0^2 l} \exp\left(-2\frac{r^2}{\omega_0^2}\right) \qquad (5-8)$$

式中,P_0 为泵浦功率;l 为铒纤长度;ω_0 为高斯半宽。将上述公式代入热

传导方程可得

$$\Delta T(r,t)=\sum_{m=1}^{\infty}\frac{2\eta\int_0^b P_v(r)J_0\left(\dfrac{p_m r}{b}\right)r\,\mathrm{d}r}{kp_m^2 J_0^2(p_m)\left[1+\left(\dfrac{bh}{\kappa p_m}\right)^2\right]}\times\left[1-\exp\left(-\frac{t}{\tau_m}\right)\right]J_0\left(\frac{p_m r}{b}\right)$$

$$(5-9)$$

在选定光纤之后,就可以通过式(5-9)进行数值模拟泵浦光注入后光纤的温度场分布。所用光纤的参数如表 5.1 所列。

表 5.1　掺铒光纤的物理参数

参　　数	取　　值
比热容 c_v/(J・kg^{-1}・K^{-1})	741
折射率 n	1.44
折射率与温度的比例系数(dn/dt)/K^{-1}	1.1×10^{-5}
热传导系数 κ/(W・m^{-1}・K^{-1})	1.38
热扩散系数 D/(m^{-2}・s^{-1})	8.46×10^{-7}
材料密度 ρ/(kg・m^{-3})	2.2×10^{-3}
热传输系数 h/(W・m^{-2}・K^{-1})	40.7
热转换系数 η	0.1
光纤长度 l/m	40
纤芯半径 a/μm	2.2
包层半径 b/μm	125

采用 1 480 nm 泵浦时,泵浦光主要集中在纤芯部分,而且由于纤芯掺杂铒离子,且泵浦光的吸收也集中在纤芯,所以泵浦光高斯半宽可以用纤芯半径表示,近似情况下 $\omega_0=a$。在泵浦光注入后的很短时间内,掺铒光纤内部温度场的分布如图 5.1 所示,沿箭头方向,时间从 1 μs 经过 10 μs,40 μs,100 μs,1 ms,10 ms,40 ms,100 ms,400 ms 增加到 1 s。在刚加入泵浦光时,热量和温升主要集中于纤芯部分。随着时间的推移,纤芯的温度持续升高,并且随着热量向外散放,包层的温度由里到外也在升高。较短时间内,整个光纤的温度基本统一上升了 0.1 ℃。同样的数据以另外一

种方式显示以表示光纤纤芯温度与包层温度随时间的变化,如图 5.2 所示。在纤芯与包层两个区域,在 $t<100$ ms 时温度缓慢上升,然后呈阶跃型快速上升,最后达到饱和即稳定在 0.21 ℃。由于热量的散失,包层边缘的温度稍低于纤芯温度。

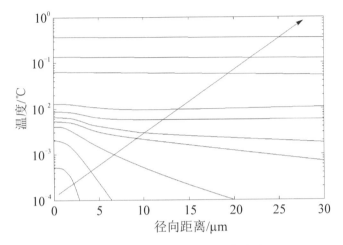

图 5.1　掺铒光纤内部温度分布

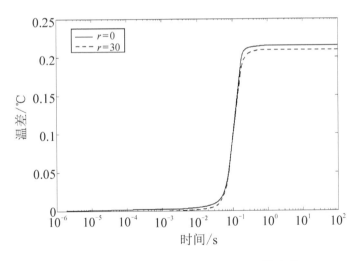

图 5.2　掺铒光纤内部温度随时间的变化

　　综上,由于吸收泵浦光后非辐射弛豫的热效应,掺铒光纤内部温度场稍高于外部温度,内部温度场的分布从光纤轴心开始沿径向逐渐降低。但是在所关心的有效区域,即掺杂了铒离子的纤芯,其温度差别较小,纤芯内部可以看作是等温区域。同时在泵浦功率或者外界温度变化时,必然引起光纤纤芯的温度变化,其变化存在延迟,并且达到稳定的时间较短。外界热量与吸收泵浦光转化的热量相互作用会使其稳定时间稍长一些,但这对 EDFS 平均波长温度特性影响很小,在温度补偿时可以忽略时间的延迟。同时,在极短时间内的温度抖动是可以忽略的。

为了建立 EDFS 温度特性模型以及对其补偿的需要,在实际系统中需要简化光纤温度与泵浦功率的关系。在注入泵浦功率并达到稳定后,纤芯温度比外界温度稍高。由于热量只产生于纤芯,代入两个边界条件,热传导方程(5-9)的通解可以表示为

$$\Delta T_{ss}(r) = \frac{\eta P_v s^2}{2bh} - \frac{\eta P_v s^2}{2k} \ln\left(\frac{r}{b}\right) \tag{5-10}$$

在温升较小时,P_v 由 $P_{abs}/(\pi s^2 l)$ 标定,ΔT_{ss} 与在光纤中的位置无关,只决定于公式

$$\Delta T_{ss} \approx 31.3 \frac{\eta P_{abs}}{l} \tag{5-11}$$

当泵浦功率为 100 mW 时,掺铒光纤光源对泵浦的转换效率在 85% 时,3 m 的光纤温升是 0.16 ℃,这已经让 EDFS 的平均波长变化几个 ppm 了。

5.2　EDFS 光谱的温度特性

EDFS 的波长和光谱受温度的影响较大,这主要是由于铒离子 Stark 展宽次能级被占据的概率受温度变化的影响,因此,需对 EDFS 功率方程进行修正。

5.2.1　EDFS 功率方程修正

掺铒光纤中,铒离子能级发生 Stark 展宽。简并的能级因本地电场而分裂为一系列的次能级。室温下铒离子的展宽被看作是均匀展宽。同一能级内的所有次能级的能量非常接近,所以在室温下,各次能级被占据的概率服从玻尔兹曼统计特性。在一个展宽的内部,从次能级的高态到低态总的能量差为 400 cm^{-1}(或者是 8×10^{-21} J),假定其内部的状态密度是一

恒值,不同温度时每条次能级被占据的概率如图 5.3 所示。

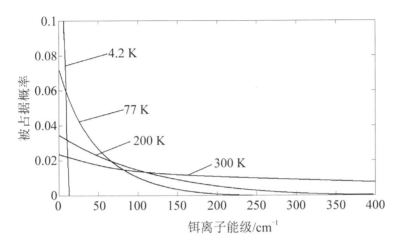

图 5.3　铒离子能级在不同温度时被占据的概率

有效的跃迁过程是亚稳态与基态之间辐射 1.55 μm 光波的跃迁,这两个能级都是由 7~8 条的 Stark 分裂次能级组成,且存在 56 种可能的跃迁,对应不同的光子频率。发生每种跃迁的概率用相应频率的辐射截面表示。辐射截面的大小是由对应的亚稳态的次能级被占据的概率决定。对于大量的铒离子,所有次能级在室温下都会被占据,而在不同的温度下,次能级被占据的概率会发生变化。

假定掺铒光纤中能够自由跃迁的离子总数为 N,铒离子占据第 i 能级的概率为 n_i,则可得

$$\sum_i n_i = 1 \tag{5-12}$$

考虑 EDFS 的功率传输方程,式(2-114)可以被改写成

$$\frac{\mathrm{d}P_s^{\pm}(z,\nu)}{\mathrm{d}z} = \pm \left[g(z,\nu)P_s^{\pm}(z,\nu) + \hbar(z,\nu) \right] \tag{5-13}$$

式中,$g(z,\nu_s)$ 与 $\hbar(z,\nu_s)$ 为代替参数,表达式为

$$g(z,\nu) = \frac{A_c N}{A_s} \left[\sigma_e(\nu) n_u(z) - \sigma_a(\nu) n_1(z) \right] =$$

$$\frac{A_c N}{A_s} \sigma_e(\nu) \left[n_u(z) - \eta(\nu) n_1(z) \right] \tag{5-14}$$

$$\hbar(z,\nu) = \frac{A_c N}{A_s} \sigma_e(\nu) n_u(z) \cdot 2h\nu \left(\frac{\Delta\nu_h}{n} \right) \tag{5-15}$$

式中，$\eta(\nu_s)$ 是唯像截面比，只讨论温度对离子占据各能级概率的影响，沿光纤轴向离子的分布可以暂不考虑，而将之视为常态，上述两个公式中参数 z 可以省略。考虑离散情况下有

$$g(\nu) = \sigma_{ul} N \left[n_u - \frac{\omega_u}{\omega_1} n_1 \right] \left. \begin{array}{c} \\ \\ \\ \\ \end{array} \right\}$$
$$\hbar(\nu) = \sigma_{ul} N n_u \cdot 2E_{21} \left(\frac{\Delta \upsilon_h}{n} \right)$$
$$\text{(5-16)}$$

式中，ω_i 为各能级统计权重，离子跃迁发生在高能级和低能级之间，能级之间的能量差为 $E_{21} = h\nu$。σ_{ul} 是 σ_e 的离散形式，在具体离子中存在多个能级之间的能量差相等，取和得到

$$g(\nu) = \sum_{E_i - E_j = h\nu} \sigma_{ij} N \left[n_i - \frac{\omega_i}{\omega_j} n_j \right] \left. \begin{array}{c} \\ \\ \\ \\ \end{array} \right\}$$
$$\hbar(\nu) = \sum_{E_i - E_j = h\nu} \sigma_{ij} N n_i \cdot 2E_{ij} \left(\frac{\Delta \nu_h}{n} \right)$$
$$\text{(5-17)}$$

　　辐射 1 550 nm 波段超荧光的跃迁发生的激发态和基态被分别展宽为 7 个和 8 个次能级。每个次能级又会进一步被分为振动的次能级。引入连续的能级密度来近似地描述铒离子的每个展宽。能级密度的形状与温度不构成函数关系，从而 EDFS 的温度特性主要取决于每个展宽能级被占据的几率密度的变化。两个能级的离子密度在热平衡时，遵从玻尔兹曼统计规律即

$$\frac{P(E_2)}{P(E_1)} = e^{-[E_2 - E_1/(kT)]} \qquad \text{(5-18)}$$

式中，T 为绝对温度；k 为波尔兹曼常数。函数 $P(E)$ 满足

$$P(E) = \exp\left(-\frac{E}{kT}\right) \cdot f(T) \qquad \text{(5-19)}$$

　　函数 $f(T)$ 是温度的任意函数，通过使其满足一定的通用条件来定义。每一个展宽能级都有限域，将分布式求和即将所有能级看作整体（值为 1）。定义展宽能级中最高和最低的次能级为 E_m^H 和 E_m^L，$\rho(E)$ 是各次能级的能级密度，其满足的条件为

$$\int_{E_m^L}^{E_m^H} \rho(E) P_m(E) dE = f_m(T) \int_{E_m^L}^{E_m^H} \rho(E) \exp\left(-\frac{E}{kT}\right) dE = 1$$

$$\text{(5-20)}$$

式(5－20)可以用来定义 $f_m(T)$，假设两个展宽的能级 u 和 l 的结构是一模一样的，两个能级之间的距离用能量表示为 ΔE，在一定的能量范围内 $\rho(E) = \rho(E - \Delta E)$。从而得

$$P_u(E) = \exp\left(-\frac{E - \Delta E}{kT}\right) \cdot f_u(T) \tag{5－21}$$

$$P_1(E) = \exp\left(-\frac{E}{kT}\right) \cdot f_1(T) \tag{5－22}$$

$$f_1(T) = f_u(T) \tag{5－23}$$

显而易见，铒离子不同展宽能级的能级密度不同，所以式(5－21)～式(5－23)不适于实际情况。然而，不同能级的能级密度相差不大，其函数 $f(T)$ 相似。离散的增益方程可以转换为连续波的方程，对式子的求和转变为对 E 的积分。将 n_i 替换为 $\rho(E)P(E)$，ω_i/ω_j 替换为 $\rho(E + h\nu)/\rho(E)$。

$$g(v) = \int_0^\infty \sigma(E + h\nu, E) N\left[\rho(E + h\nu)P(E + h\nu) - \frac{\rho(E + h\nu)}{\rho(E)}\rho(E)P(E)\right] dE \tag{5－24}$$

$$\hbar(\nu) = \int_0^\infty \sigma(E + h\nu, E) N\rho(E + h\nu)P(E + h\nu) \cdot 2h\nu\left(\frac{\Delta\nu_h}{n}\right) dE \tag{5－25}$$

当只有高展宽能级被占据时，上述公式变换为

$$g(v) = g^*(v) = N\int_0^\infty \sigma(E + h\nu, E)\rho(E + h\nu)P_u(E + h\nu) dE$$

$$\hbar(\nu) = 2h\nu\left(\frac{\Delta\nu_h}{n}\right) N\int_0^\infty \sigma(E + h\nu, E)\rho(E + h\nu)P_u(E + h\nu) dE = $$

$$2h\nu\left(\frac{\Delta\nu_h}{n}\right)g^*(\nu) \tag{5－26}$$

当只有低展宽能级被占据时，变换为

$$\left.\begin{array}{l} \hbar(\nu) = 0 \\[2mm] g(v) = -\alpha = -N\int_0^\infty \sigma(E + h\nu, E)\rho(E + h\nu)P_1(E) dE \end{array}\right\} \tag{5－27}$$

P_u 和 P_1 分别代表高、低展宽能级被占据的概率分布情况。将式(5－21)和式(5－22)代入式(5－26)和式(5－27)中可得

$$\alpha(v) = N \cdot f_1(T) \cdot \int_0^\infty \sigma(E + hv, E)\rho(E + hv) \cdot \exp\left(-\frac{E}{kT}\right) dE$$

$$(5-28)$$

$$g^*(v) = N \cdot f_u(T) \cdot \exp\left(\frac{\Delta E - hv}{kT}\right) \cdot$$

$$\int_0^\infty \sigma(E + hv, E)\rho(E + hv) \cdot \exp\left(-\frac{E}{kT}\right) dE \quad (5-29)$$

式(5-28)和式(5-29)是 EDFS 温度特性数值仿真的基础(EDFS 的光谱需要通过这些参数来计算)。将式(5-28)和式(5-29)代入 EDFS 的功率传输方程(2-114)就可以得到含有温度参数的功率传输方程,即

$$\frac{dP_s^\pm(z,\nu)}{dz} = \pm \Big[\big[g^*(z,\nu) + \alpha(z,\nu) \big] N_{inv} P_s^\pm(z,\nu) +$$

$$g^*(z,\nu) \cdot 2h\nu\left(\frac{\Delta\nu_h}{n}\right) \Big] \quad\quad (5-30)$$

利用式(5-30)可以得到 EDFS 光谱的温度特性。同时对比式(5-28)和式(5-29),可以得到 g^* 和 α 的关系为

$$g^*(v) = \alpha(v) \frac{f_u(T)}{f_l(T)} \exp\left(\frac{\Delta E - hv}{kT}\right) = \alpha(v) \cdot \exp\left(\frac{\Delta E'(T) - hv}{kT}\right)$$

$$(5-31)$$

$$\Delta E'(T) = \Delta E + \ln\left(\frac{f_u(T)}{f_1(T)}\right) \quad\quad (5-32)$$

由于式(5-32)存在对数运算,$\Delta E(T)$ 在适度的温度变化范围内可视为常值。对于相似的展宽结构来说,$\Delta E'$ 近似等于 ΔE。式(5-31)为 McCumber 关系,$\Delta E'(T)$ 表示吸收截面与辐射截面的量级关系,更适于实际计算(因 N_1,N_2 难以测量)。此关系可通过实验在 $-40 \sim 80$ ℃(即 $233 \sim 353$ K)内验证。

需要说明的是上述所有推导成立的前提条件是所有铒离子是完全相同的,即所有的铒离子都有同一的能级密度 $\rho(E)$ 和受激辐射截面 σ。实际上这是不可能的,因为每个铒离子所处的晶格结构都有所不同。故所有的方程都需要对所有不同的铒离子取平均。实际上,这只是很小的修正,McCumber 关系仍然成立。

5.2.2　EDFS 温度模型简化

本节主要讨论如何利用式(5-30)来计算 EDFS 的温度特性。仿真时首先通过给定温度下的 α 计算其余温度下的 α，然后用式(5-31)得出 g^* 和 h，最后通过功率传输方程(5-30)，用分段的方法求解出不同温度下 EDFS 的输出光谱。然而这个过程需要用函数 f_1，截面 σ，以及能级密度 ρ 等来计算吸收谱。这些都是难以测量和计算的。所以需要对以上的方程进行简化。

首先需要对函数 f_1 进行简化。假设在归一化条件中，在 $E > E_1^L$ 时 $\rho(E)$ 为常数，其他情况下 $\rho(E) = 0$。用 E_1 代替 E_m 以表示低展宽能级。由于计算结果受所选参考能级的影响，所以可以设定 $E_1^L = 0$，$E_1^H \rightarrow \infty$，得到

$$f_1(T) = \frac{c}{T} \tag{5-33}$$

式中，c 为常数。在式(5-28)中，可以用有限的和来代替积分。实际中，感兴趣的温度范围比较窄(在 100 ℃ 范围内)，所以可以假设式(5-28)只有两项。从而式(5-28)可以简化为

$$\alpha(\lambda, T) = \frac{1}{T}(F_1(\lambda) \cdot e^{-E_1/(kT)} + F_2(\lambda) \cdot e^{-E_2/(kT)}) \tag{5-34}$$

其中，$F_1(\lambda)$ 和 $F_2(\lambda)$ 分别为波长 λ 的函数，而非温度的函数。他们和截面 σ 与能级密度 ρ 有关，但是该关系较难推导，所以需要从实际的实验中来定义该函数。

若给定在不同的温度 T_a 和 T_b 时的吸收谱形为 α_a 和 α_b，可以从式(5-34)中推导出以下关系。

$$\begin{pmatrix} \alpha_a(v) \\ \alpha_b(v) \end{pmatrix} = C \cdot \begin{pmatrix} F_1(l) \\ F_2(l) \end{pmatrix} \tag{5-35}$$

$$C = \begin{bmatrix} \dfrac{1}{T_a}e^{-T_1/T_a} & \dfrac{1}{T_a}e^{-T_2/T_a} \\ \dfrac{1}{T_b}e^{-T_1/T_b} & \dfrac{1}{T_b}e^{-T_2/T_b} \end{bmatrix} \tag{5-36}$$

其中，$T_i = E_i/k$，从而可计算得函数 $F_1(l)$ 和 $F_2(l)$，得

$$\begin{pmatrix} F_1(l) \\ F_2(l) \end{pmatrix} = \mathbf{C}^{-1} \cdot \begin{pmatrix} \alpha_a(\upsilon) \\ \alpha_b(\upsilon) \end{pmatrix} \tag{5-37}$$

将两个函数代入到 $\alpha(\lambda, T)$ 的公式中可以得到在不同温度下的光谱变化。除函数 $F_1(l)$ 和 $F_2(l)$ 之外，$\alpha(\lambda, T)$ 中包含的两个参数 T_1 和 T_2 是必须被定义的。直观上，需要将两个温度选取在感兴趣的温度范围之上和之下。通过对这些参数进行数值优化以与实验数据吻合，最佳的选取温度为 90 K 和 650 K，这涵盖了 EDFS 整个工作温度范围。

需要注意的是，在长波长部分，$\alpha(\lambda, T)$ 的第二项（高温部分）占主要位置。这样就可以在长波不变部分忽略第一项。事实上，可以舍弃指数前面的乘数，得到另外一种近似

$$\alpha(\lambda, T) = \alpha(\lambda, \infty) e^{[\beta_a(\lambda)/(kT)]} \tag{5-38}$$

其中，$\alpha(\lambda, \infty)$ 和 $\beta_a(\lambda)$ 是通过不同温度下的两个光谱来定义的函数。用函数 $\beta_a(\lambda)/k$ 代替常数 T_2 有助于提高长波范围的精度，并且补偿了忽略第一项以及指数前乘数 $1/T$ 而带来的误差。相似的简化可以用于 g^* 的计算，得

$$g^*(\lambda, T) = g^*(\lambda, \infty) e^{[\beta_e(\lambda)/(kT)]} \tag{5-39}$$

拟合参数 $\alpha(\lambda, \infty)$ 和 $g^*(\lambda, \infty)$ 与温度无关，并且当每一个展宽的所有能级都被平等占据时，在有限的温度范围内，可以分别被解释为掺铒光纤的吸收和增益。参数 $\beta_a(\lambda)$ 和 $\beta_e(\lambda)$ 记录了辐射特定波长的跃迁的初始能级被占据的几率的热温特性。进一步，当考虑 McCumber 关系而且 $\Delta E'$ 与温度无关时，可以得到

$$\alpha(\lambda, \infty) = g^*(\lambda, \infty) \tag{5-40}$$

$$\beta_a(\lambda) = \beta_e(\lambda) + \Delta E' - hc/\lambda \tag{5-41}$$

尽管简化模型在短波区域效果不太好，但不需要两个额外的参数 T_1 和 T_2，且模型在应用于不同的掺铒光纤时更简单，只需要测试特定温度下的吸收光谱即可。对于不同的光纤，可以采用上述的方式修改 $\alpha(\lambda, \infty)$。在同一温度下，取 $\beta_a(\lambda)$ 与原始光纤相同，测出新光纤的光谱可得 $\alpha(\lambda, \infty)$。其他温度下的光谱可被估计出来。g^* 也可以用同样的方式估计出来。

5.3　EDFS 温度特性实验仿真分析

铒离子的吸收截面和辐射截面决定了 EDFS 的光谱特性和对泵浦光的转换效率,是铒离子量子过程的宏观反映,是仿真和实验分析中最重要的参数。所有掺铒光纤中铒离子的吸收和辐射截面都是相似的,但是因掺铒光纤制备特性如纤芯半径,掺杂浓度等因素的不同而有一定的差异。正是这些差异造成了选用不同掺铒光纤时 EDFS 的输出特性显著不同。因而测定特定铒离子的吸收截面和辐射截面是很重要的。

5.3.1　铒离子截面测定分析

测定光纤中铒离子的吸收截面通常采用消减法,其原理如图 5.4 所示。

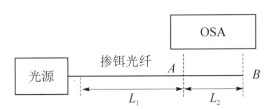

图 5.4　铒离子吸收截面的测量方法

所用光源为低功率的宽谱光源(如白光等),功率一般取 1 mW 以防止饱和吸收而发生辐射使吸收截面包含辐射分量。宽谱光被耦合进入掺铒光纤中,经过长度 L_1 后到达 A 点,再经过长度 L_2 后到达 B 点,分别用光谱分析仪(OSA)测试 A 点和 B 点的光谱得到两个光谱 $S_A(\lambda)$ 和 $S_B(\lambda)$。则可以得到单位长度掺铒光纤的吸收谱为

$$\alpha_a(\lambda) = \frac{S_B(\lambda) - S_A(\lambda)}{L_2} \qquad (5-42)$$

考虑到掺铒光纤中有效掺杂浓度 C_{eff}(不考虑团簇效应),可以得到掺铒光纤的吸收截面为

$$\sigma_a(\lambda) = \frac{\alpha_a(\lambda)}{4.34 C_{eff}} \qquad (5-43)$$

与测试吸收截面的原理相似,辐射截面的测试结构只是省略了图 5.4

中的 L_2 段,且 L_1 取短长度,加大泵浦功率使掺铒光纤中的铒离子完全被泵浦到高能级,然后测试 A 点的荧光谱 S_{eA},则可以得到铒离子的辐射截面为

$$\sigma_e(\lambda) = S_{eA} / (2h\nu\Delta\nu N_2 L_1) \qquad (5-44)$$

式中,h 为普朗克常量;ν 为波长 λ 对应的光子频率;$\Delta\nu$ 为荧光谱的谱宽;N_2 为铒离子高能级的离子数。

与吸收截面的测试不同,该测试存在两个问题。首先是 N_2 的测定,不像 N_{eff} 在低功率时可以保证所有离子均在基态,测量误差较小,而测量 N_2 时因为无论怎么加大泵浦功率,总有一定数目的离子在基态,所以无法精确得到 N_2 值。其次,最后测得的辐射荧光谱中的光子可能是铒离子吸收荧光光子之后的再辐射,这也造成辐射截面 σ_e 不准确。实际上,仿真所用的 σ_e 是用 McCumber 关系估算出的估计值。

5.3.2 EDFS 温度特性试验与仿真

分别用式(5-30)、式(5-34)和式(5-37)仿真计算并采用相同的光纤参数进行试验,验证理论模型与试验数据吻合情况。选用光纤参数如表 5.1 所列。

表 5.1　掺铒光纤参数

光纤参数	1 530 nm 吸收峰 /(dB · m⁻¹)	共掺元素	纤芯半径 $a/\mu m$	NA	共掺元素 浓度/%
数　值	10	Al/Ge	2.4	0.22	12

分别测试了掺铒光纤在 $-40\sim80$ ℃光纤的吸收截面,如图 5.5 实线所示。由于谱线较密集,在图中 ±20 ℃ 和 60 ℃ 的谱线未画出。并将 -40 ℃和 80 ℃的吸收谱线作为已知条件代入式(5-37)中计算 $F_1(l)$ 和 $F_2(l)$,其余温度下的仿真吸收谱线就可以用式(5-34)得出,以虚线的形式在图 5.5 中给出。可以看出是试验曲线和仿真曲线吻合很好。图 5.6 是将图 5.5 短波部分放大,可以看出理论与试验只有很小的差别。

图 5.7 和图 5.8 是采用式(5-38)计算的吸收谱温度曲线与实测谱线的比较。与图 5.6 相比,采用式(5-38)计算的谱线与实测谱线的差值稍

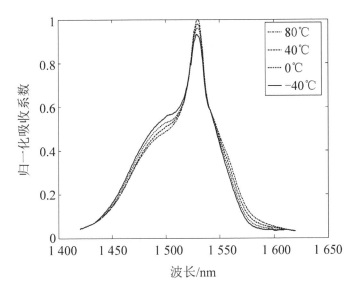

图 5.5　以－40 ℃与 80 ℃吸收谱为已知条件代入式(5－34)计算在不同温度下的铒离子吸收截面

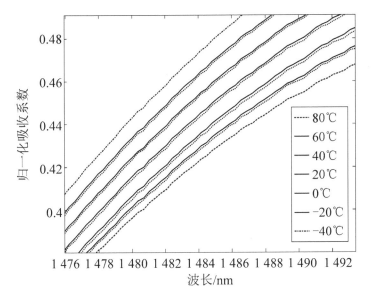

图 5.6　以－40 ℃与 80 ℃吸收谱为已知条件代入式(5－34)计算在不同温度下铒离子吸收截面短波部分放大

大,在要求精度较高时,采用式(5－34)计算较好。图 5.8 是采用－20 ℃和 40 ℃代替－40 ℃和 80 ℃作为输入谱线计算出的吸收谱短波部分,与图 5.7 相比,当温度为－20～40 ℃时,理论与实验的曲线吻合性更好。即预测温度范围越小,精度越高,如果能够将光纤陀螺工作温度控制在 10 ℃ 的范围内,就能够较好地预测 EDFS 平均波长的变化。

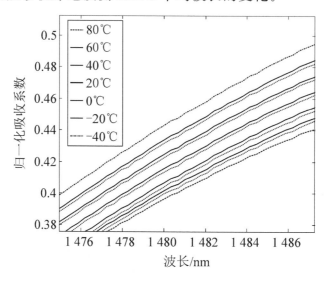

图 5.7 以 −40 ℃ 与 80 ℃ 吸收谱为已知条件代入式 (5 − 38) 计算
在不同温度下铒离子的吸收截面短波部分放大

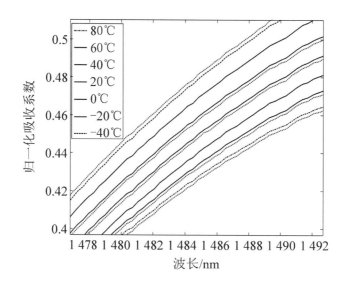

图 5.8 以 −20 ℃ 与 40 ℃ 吸收谱为已知条件代入式 (5 − 38) 计算
在不同温度下铒离子的吸收截面短波部分放大

利用同样的掺铒光纤,测试了单程后向 EDFS 光源的光谱和平均波长随温度的变化,如图 5.9 ~ 图 5.11 所示。由图 5.9 可以看出光源的光谱随温度的升高而向短波方向移动,这可以从图 5.5 得到很好的解释(吸收峰是随温度升高而向短波方向移动的)。图中可以看出用式(5-30)得到的理论预测值稍微向短波方向倾斜。为了更细致地反映 EDFS 的温度特性模型的准确性,将图 5.9 进行部分放大如图 5.10 所示。图 5.10 中的黑色短虚线是在各个温度下的理论仿真曲线,可以看出根据推导的 EDFS 功率传输方程(5-30),可以准确地预测光源光谱的变化。从实验数据看,高温度的预测精度高于低温时的预测精度,原因是高温区域是有效区域,采用了 10 ℃和 80 ℃两个较高温度的吸收谱作为已知条件。

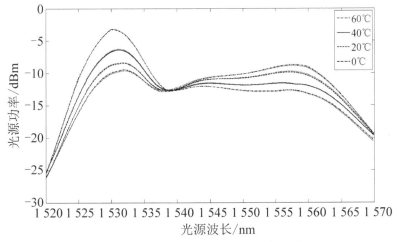

图 5.9　EDFS 在不同温度时的光谱

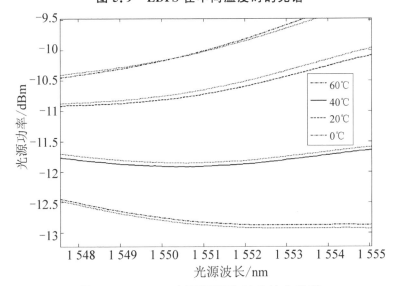

图 5.10　EDFS 在不同温度时的放大光谱

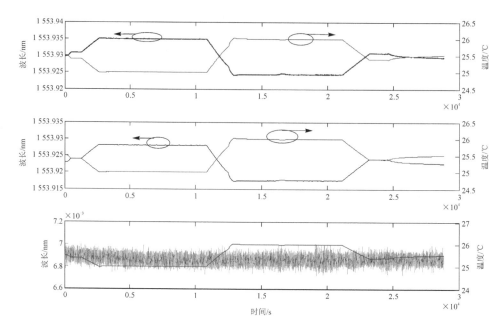

图 5.11　EDFS 平均波长温度曲线

图 5.11 所示的三组曲线分别是温度在 25～26 ℃变化时 EDFS 平均波长的实测温度曲线、计算温度曲线以及计算值与实测值的差值曲线。可以看出仿真计算的平均波长与实测数据相差不大（接近实测的平均波长），差值小于 5 ppm。所建立的温度模型可以有效地预测 EDFS 平均波长的温度特性，这为提高 EDFS 温度稳定性提供了相应的理论基础。选取 1 ℃的温度范围测试是因为将光纤陀螺的温度控制在这个温度是可能的。

本章小结

本章主要研究了掺铒光纤温度对 EDFS 光谱特性的影响，掺铒光纤内部的温度场分布的分析，在掺铒光纤中加载泵浦光时掺铒光纤自身的温度变化，掺铒光纤内部的温度场分布模型。仿真表明，由于铒离子吸收泵浦光后发生非辐射弛豫而产生的热效应，掺铒光纤内部温度场稍高于外部温度，纤芯内部温度分布可以看作是等温场，同时纤芯温度的变化相对于外界变化是不同的，这在温度补偿时需要考虑。铒离子展宽次能级受温度影响，表现为各次能级被铒离子占据的概率随温度而变化，用吸收截面和辐射截面来衡量。然后引入能级密度的概念推导铒离子吸收截面和辐射截面的温度特性,基于此建立了 EDFS 的温度模型,并推导了适合计算仿真的简化数值模型,仿真分析与试验结果共同表明该温度模型能够准确计算出 EDFS 平均波长随温度的变化量,理论模型完全符合 EDFS 的特性。

第 6 章　EDFS 偏振效应

掺铒光纤光源的偏振态对光纤陀螺影响较大。当 EDFS 输出偏振光时,如果光源的偏振轴与 Y—波导的偏振轴没有对齐,则会发生严重的光谱调制效应。被调制的光谱会在 Sagnac 干涉时产生二阶相干峰,降低主相干峰的对比度,引起附加相位误差,降低 FOG 的精度。采用无偏振 EDFS 可以消除光谱调制效应,但是由于掺铒光纤中铒离子本身存在增益依赖偏振的特性(PDG)和偏振烧空效应(PHB),当光纤所处环境参量出现扰动时,光源内部偏振态会出现交叉耦合。同时泵浦激光器都是偏振光源,光源在两个正交偏振态中功率分布和平均波长都不相同,此时 PDG 因偏振交叉耦合效应会引起 EDFS 平均波长的变化,进而影响到 FOG 的标度因数稳定。必须对 EDFS 中的偏振效应进行深入的研究和控制,设计出偏振态稳定的无偏光源,才能提高 FOG 的精度和稳定性。

6.1　铒离子偏振效应

硅光纤中的单个铒离子所处的掺杂环境是不同的。光纤玻璃中的电场破坏了铒离子的对称性,造成铒离子的各向异性,使其能级发生 Stark 展宽而生成很多次能级,也使得离子对光子信号的响应取决于光子的传播方向及其偏振状态。

6.1.1　铒离子各向异性

由于铒离子所处环境不同,可以采用合理的假设来建立一个简单有效的离子模型。首先从单一的离子截面开始,对于吸收和辐射的光子,截面的值不仅依赖于波长,而且取决于光子的空间传播方向和偏振状态。与各向同性铒离子相比其截面只有单一值不同,单个铒离子的截面用 6 个参数来描述:3 个主轴(a,b,c)和 3 个角坐标,如图 6.1(a)所示。当只需要考虑沿光纤轴向传播时,图 6.1(a)中的铒离子截面的三维参数可简化为二维参数,此时截面用 3 个参数(两个主轴 a,b 和一个方向夹角 θ)来描述,如图 6.1(b)所示。由于两个轴的传播方向是正交的,三维状态在光纤轴向上的投影可得到二维截面状态。故 6.1(a)中描述的离子就被投射为 6.1(b)。由于玻璃纤维晶体核的结构是随机的,不同的离子有不同的截面,仍旧可以用 3 个参数来决定:主轴长度、辅助轴长度和空间指向。由于对 EDFS 产生影响的是所有离子的平均状态而不是单个离子状态,因此可以用平均值 σ 来取代不同的主轴长度和辅助轴长度,如图 6.1(c)所示。主轴值用 6.1(c)中的方向角 θ 来确定,最小轴与最大轴的比率为 ε。ε 为一个自由的参数,可以用来建立掺铒光纤的偏振效应模型。针对一个给定的离子截面,可以设定一个 ε。当 $\varepsilon=1$ 时建立的模型为各向同性的无偏振离子模型。当 ε 趋近于零时,离子的各向异性逐渐增强。当 $\varepsilon=0$ 时,铒离子是纯偶极,对与主轴方向正交的线偏振光子没有响应。

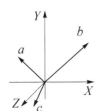
(a) 铒离子截面的三维状态

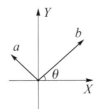
(b) 铒离子截面的二维状态

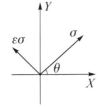
(c) 铒离子平均截面状态

图 6.1　铒离子的各向异性

假设对于所有波长以及发射截面和吸收截面来说,ε 值都是相同的,以得到较理想的结果。该方法只考虑了各向异性的线偏振效应,而不涉及各向异性的圆偏振效应。研究表明当圆偏振烧孔效应(CHB)的浓度大约为线性 PHB 的 30% 时,才需要考虑。

总之,铒离子截面已经从一个复杂的三维状态简化为与传播方向正交的二维截面状态。如果要求所有离子有相同的各向异性度数,则二维描述还可以简化,此时任意两个离子的不同之处就只有最大截面响应的方向角 θ 了。

6.1.2　EDFS 偏振模型

为了正确地建立掺铒光纤的偏振模型,需要确定泵浦光、信号和自发辐射准确的增益和损耗。为此,需要列出泵浦光、超荧光的功率和偏振的传输方程。也需要在光纤的每个点上确定自然发射的功率和偏振。方法就是在所有的离子方向上对每单元长度的翻转和增益取平均。

首先根据设定的铒离子各向异性的物理截面图,考虑离子截面的 Stokes 向量形式,为

$$
\left.\begin{array}{l}
\bar{\sigma}_{av}(\theta) = \dfrac{\sigma_{av}}{2}
\begin{bmatrix}
1+\varepsilon \\
(1-\varepsilon)\cos(2\theta) \\
(1-\varepsilon)\sin(2\theta) \\
0
\end{bmatrix} \\[6ex]
\bar{\sigma}_{ev}(\theta) = \dfrac{\sigma_{ev}}{2}
\begin{bmatrix}
1+\varepsilon \\
(1-\varepsilon)\cos(2\theta) \\
(1-\varepsilon)\sin(2\theta) \\
0
\end{bmatrix}
\end{array}\right\}
\tag{6-1}
$$

式中,θ 代表离子偏振方向(见图 6.1(c));σ_{av},σ_{ev} 分别为发射截面和吸收截面主轴的数量级。

以截面和信号 Stokes 向量之间的数量积形式来表示发射速率和吸收速率。式(6-1)中无偏光的截面为

$$
\sigma_{up} = \sigma\left(\frac{1+\varepsilon}{2}\right)
\tag{6-2}
$$

用向量形式表示截面,则沿光纤的发射速率和吸收速率可以用波长和位置函数表示为

$$
\left.\begin{array}{l}
W_{av}(z,\theta) = \dfrac{\bar{S}_v(z) \cdot \bar{\sigma}_{av}(\theta)\Gamma_v}{hvA_{\text{eff}}} \\[4ex]
W_{ev}(z,\theta) = \dfrac{\bar{S}_v(z) \cdot \bar{\sigma}_{ev}(\theta)\Gamma_v}{hvA_{\text{eff}}}
\end{array}\right\}
\tag{6-3}
$$

式中,$\bar{S}_v(z)$ 表示频率为 v 的信号的 Stokes 向量;h 为普朗克常数;A_{eff} 表示频率为 v 的光纤模式的有效区域;Γ_v 为该模式与铒离子掺杂区域之间

的重叠面积。

针对光纤的给定位置,基态铒离子数归一化

$$n_1(z,\theta) = \frac{N_1(z,\theta)}{N_0} = \frac{1 + \sum_v \tau W_{ev}(z,\theta)}{1 + \sum_v \tau [W_{av}(z,\theta) + W_{ev}(z,\theta)]}$$

$$(6-4)$$

式中,N_0 为总的离子密度;τ 为铒离子亚稳态寿命。

低能级的归一化离子数可以通过式(6-1)和式(6-3)换算为

$$n_1 = \frac{A + B\sin(2\theta) + C\cos(2\theta)}{D + E\sin(2\theta) + F\cos(2\theta)} \qquad (6-5)$$

式中,系数 A,B,C,D,E,F 分别如下:

$$\left. \begin{aligned} A &= 2 + \frac{(1+\varepsilon)\tau}{A_{eff}h} \sum_v \frac{S_{0v}\sigma_{ev}\Gamma_v}{v} \\ B &= \frac{(1-\varepsilon)\tau}{A_{eff}h} \sum_v \frac{S_{2v}\sigma_{ev}\Gamma_v}{v} \\ C &= \frac{(1-\varepsilon)\tau}{A_{eff}h} \sum_v \frac{S_{1v}\sigma_{ev}\Gamma_v}{v} \\ D &= 2 + \frac{(1+\varepsilon)\tau}{A_{eff}h} \sum_v \frac{S_{0v}(\sigma_{ev}+\sigma_{av})\Gamma_v}{v} \\ E &= \frac{(1-\varepsilon)\tau}{A_{eff}h} \sum_v \frac{S_{2v}(\sigma_{ev}+\sigma_{av})\Gamma_v}{v} \\ F &= \frac{(1-\varepsilon)\tau}{A_{eff}h} \sum_v \frac{S_{1v}(\sigma_{ev}+\sigma_{av})\Gamma_v}{v} \end{aligned} \right\} \qquad (6-6)$$

为了方便计算机仿真,且得到更高的精度,可以将频率的求和用积分来取代。每单位长度的增益可以通过式(6-3)对所有铒离子进行总体平均来得到,给出向量形式,为

$$\bar{\boldsymbol{g}}_v(z) = \frac{N_0\Gamma_v}{2\pi} \int_0^{2\pi} [\bar{\sigma}_{ev}(\theta) - (\bar{\sigma}_{ev}(\theta) + \bar{\sigma}_{av}(\theta))n_1(z,\theta)] \mathrm{d}\theta \qquad (6-7)$$

已经知道粒子反转情况依赖于 θ,可以将增益积分式(6-7)分解成 6 种形式,前 3 种很简单,来自于积分中的第一部分,后 3 种比较复杂,具体形式为

$$\int_0^{2\pi} n_1 \mathrm{d}\theta, \qquad \int_0^{2\pi} n_1 \sin(2\theta)\mathrm{d}\theta, \qquad \int_0^{2\pi} n_1 \cos(2\theta)\mathrm{d}\theta \qquad (6-8)$$

当积分且合并后，就可以产生一个单位增益的向量，为

$$\bar{\boldsymbol{g}}_v(z) = \begin{bmatrix} g_{0v}(z) \\ g_{1v}(z) \\ g_{2v}(z) \\ 0 \end{bmatrix} \qquad (6-9)$$

向量中的各个分量为

$$g_{0v}(z) = \frac{N_0 \Gamma_v (1+\varepsilon)\sigma_{ev}}{2} - \frac{N_0 \Gamma_v (1+\varepsilon)(\sigma_{ev} + \sigma_{av})}{2\sqrt{D^2 - E^2 - F^2}} \times$$

$$\left[A + \frac{(BE + CF)(-D + \sqrt{D^2 - E^2 - F^2})}{E^2 + F^2} \right]$$

$$g_{1v}(z) = -\frac{N_0 \Gamma_v (1-\varepsilon)(\sigma_{ev} + \sigma_{av})}{2\sqrt{D^2 - E^2 - F^2}(E^2 + F^2)^2} \times \{-AFD(E^2 + F^2) -$$

$$BEF(E^2 - 2D^2 + F^2) + C(E^4 + E^2 F^2 - D^2 E^2 + D^2 F^2) +$$

$$\sqrt{D^2 - E^2 - F^2} \times$$

$$[-2BEFD + CD(E^2 - F^2) + AF(E^2 + F^2)] \}$$

$$g_{2v}(z) = \frac{-N_0 \Gamma_v (1-\varepsilon)(\sigma_{ev} + \sigma_{av})}{2\sqrt{D^2 - E^2 - F^2}(E^2 + F^2)^2} \times \{-AED(E^2 + F^2) -$$

$$CEF(F^2 - 2D^2 + E^2) + B(F^4 + E^2 F^2 - D^2 F^2 + D^2 E^2) +$$

$$\sqrt{D^2 - E^2 - F^2} \times$$

$$[-2CEFD + BD(F^2 - E^2) + AE(E^2 + F^2)] \}$$

$$(6-10)$$

该向量给出了一种椭圆形的增益分布情况。用 Mueller 矩阵形式写出该椭圆的主辅轴增益，然后沿相应的椭圆方向旋转矩阵成，则可以得到增益矩阵，为

$$\bar{\bar{g}}_v(z) = \begin{bmatrix} g_{0v}(z) & g_{1v}(z) & g_{2v}(z) & 0 \\ g_{1v}(z) & g_{0v}(z) & 0 & 0 \\ g_{2v}(z) & 0 & g_{0v}(z) & 0 \\ 0 & 0 & 0 & g_{0v}(z) \end{bmatrix} \qquad (6-11)$$

掺铒光纤中的自发辐射的偏振特性可以用相似的形式来表示,为

$$\bar{E}_v(z) = \frac{N_0 \Gamma_v}{2\pi} \int_0^{2\pi} [\bar{\sigma}_{ev}(\theta)(1 - n_1(z,\theta)) 2hv\Delta v] \, \mathrm{d}\theta \qquad (6-12)$$

式(6-12)和式(6-7)有相似的形式,不同点仅在于乘法系数。A 到 F 的定义与前面相同,则可以对 θ 进行积分,这样可以得到自发辐射向量,为

$$\bar{E}_v(z) = \begin{bmatrix} E_{0v}(z) \\ E_{1v}(z) \\ E_{2v}(z) \\ 0 \end{bmatrix} \qquad (6-13)$$

向量中的各个分量为

$$E_{0v}(z) = N_0 \Gamma_v(1+\varepsilon)\sigma_{ev}hv\Delta v - \frac{N_0 \Gamma_v(1+\varepsilon)\sigma_{ev}hv\Delta v}{\sqrt{D^2 - E^2 - F^2}} \times$$

$$\left[A + \frac{(BE+CF)(-D+\sqrt{D^2-E^2-F^2})}{E^2+F^2} \right]$$

$$E_{1v}(z) = \frac{-N_0 \Gamma_v(1-\varepsilon)\sigma_{ev}hv\Delta v}{\sqrt{D^2-E^2-F^2}(E^2+F^2)^2} \times$$

$$\{-AFD(E^2+F^2) - BEF(E^2-2D^2+F^2) +$$

$$C(E^4+E^2F^2-D^2E^2+D^2F^2) + \sqrt{D^2-E^2-F^2} \times$$

$$[-2BEFD + CD(E^2-F^2) + AF(E^2+F^2)]\}$$

$$E_{2v}(z) = \frac{-N_0 \Gamma_v(1-\varepsilon)\sigma_{ev}hv\Delta v}{2\sqrt{D^2-E^2-F^2}(E^2+F^2)^2} \times$$

$$\{-AED(E^2+F^2) - CEF(F^2-2D^2+E^2) +$$

$$B(F^4+E^2F^2-D^2F^2+D^2E^2) + \sqrt{D^2-E^2-F^2} \times$$

$$[-2CEFD + BD(F^2-E^2) + AE(E^2+F^2)]\}$$

$$(6-14)$$

矩阵式(6-11)中的元素取决于与所有信号和泵浦的 Stokes 向量有关的掺铒光纤参数。在矩阵中,每单位长度增益描述了在 z 轴方向上信号功率和偏振状态的变化。因此,可以把矩阵微分方程写成位置函数的形式,为

$$\frac{\mathrm{d}\bar{S}_v(z)}{\mathrm{d}z} = (\bar{\bar{g}}_v(z) + \bar{\bar{b}}_v(z) + \bar{\bar{l}}_v(z))\bar{S}_v(z) + \bar{E}_v(z) \quad (6-15)$$

式中,矩阵 $\bar{\bar{b}}_v(z)$ 表示光纤双折射在传播信号时产生的影响;$\bar{\bar{l}}_v(z)$ 为背景损耗,用矩阵形式表示,通过它能够建立光纤的偏振相关损耗(PDL)或单模保偏光纤的模型。

当各向异性铒离子的 ε 为 1 时,式(6-15)就能简化为式(2-114)。

6.1.3　EDFS 偏振效应实验仿真分析

在此模型中只需要确定一个参数即铒离子离心率 ε。测定 ε 的方法是用模型计算出 PHB 并与实验数据相比较。在与饱和信号平行的偏振和与饱和信号垂直的偏振这两个状态的小信号增益上,PHB 是不同的。ε 为 1 时是不产生偏振效应的。相反,ε 为零会导致最大的偏振即各向异性。限于实验条件,采用比较公认的铒离子离心率 0.67(在整个研究中使用的都是该值)。

影响 EDFS 性能的主要因素是 PDG 效应,为了测试掺铒光纤中的 PDG 效应最好采用保偏的掺铒光纤,掺铒光纤光源设计成无偏光。但保偏掺铒光纤生产较少,且保偏掺铒光纤价格昂贵,所以采用了单模的非保偏掺铒光纤。首先需要测定的是 EDFS 与泵浦光偏振态相对应的两个偏振轴。测试光路如图 6.2 所示。

图 6.2　PDG 测试光路

简单而不失代表性,测试光路采用单程后向 EDFS 结构。在单程后向 EDFS 的输出端加上一个偏振器检偏,通过光功率计测试被起偏的 ASE

功率。旋转偏振器使其偏振轴与 WDM 出射端的耦合角度从 0°～180°变化。图 6.3 所示为功率计检测到的光功率与耦合角度的关系曲线。

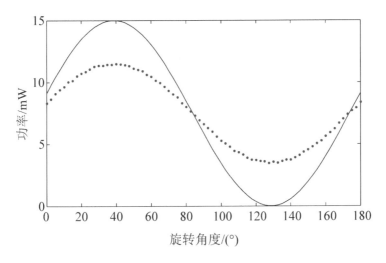

图 6.3　EDFS 输出功率与耦合角关系

从图 6.3 中可以清晰地看出在偏振器主轴与 EDFS 的出射光耦合角度为 35°时功率达到最大值,此时 EDFS 出射的为 ASE 光偏振主轴,由于 PDG 效应,此偏振轴与入射到掺铒光纤中的泵浦光偏振轴一致。图 6.3 中的曲线为 ASE 光功率随耦合角度变化的马吕斯理论曲线。实验曲线与理论曲线的差异证明了单模掺铒光纤中存在较大的偏振交叉耦合效应,这种效应受掺铒光纤中的双折射影响,与外界环境和自身的条件有关。由于增益高的偏振态的平均波长较短,而正交偏振态的平均波长较长,而 EDFS 是这两部分光的合成,两部分光的比例变化时,EDFS 的平均波长会不稳定。偏振器偏振轴与光源出射光纤耦合角度的误差加大了实验数据偏离理论曲线的程度。

为了测试 EDFS 中的 PDG 效应,将偏振器偏振轴与 EDFS 尾纤分别按照 35°和 125°的角度焊接,分别测试两种接法时光源的输出功率随泵浦功率的变化情况,如图 6.4 所示。从图中可以明显地看出掺铒光纤中的 PDG 效应,耦合角为 35°时 EDFS 输出光的偏振与泵浦光的偏振相同,此偏振态的 ASE 经历了高增益的放大过程。而耦合角为 125°时输出的 ASE 光的偏振与泵浦的偏振正交,所以其在掺铒光纤中的增益较小。而两个偏振态 ASE 光产生的阈值也不一样,高增益的偏振光明显低于与之

正交的偏振态。在图 6.4 中观测到了较强的偏振交叉耦合效应,实验曲线
与式(6-15)计算的理论曲线的较大差异很好地证明了这一点。这就造成
了耦合角为 35°时的光功率低于理论值,而 125°时的功率高于理论值。

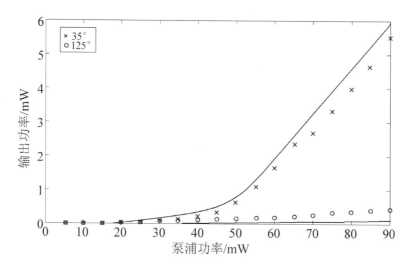

图 6.4　不同耦合角时 EDFS 功率随泵浦功率的变化

　　EDFS 平均波长的变化取决于与泵浦偏振态有关的偏振器角度。
图 6.5 为当输出偏振器旋转时输出光在平均波长上的最大改变,实线为式
(6-15)计算的平均波长的最大变化。这些测量是在单模掺铒光纤下完成
的,不需要在光纤内控制偏振态。这就意味着泵浦光会发生偏振串音而成
为部分偏振光,也会减小 PDG 效应,在图 6.5 中考虑了 50% 泵浦光已经发
生偏振串音而成为无偏光的因素。实验和理论都表明更高的泵浦功率产
生更高的偏振效应。

　　实验中平均波长的变化较小,在 85 mW 泵浦时最大只有 0.78 nm。
虽然在绝对刻度上很小,但平均波长的相对变化量却有 500 ppm。实际应
用中,偏振态的改变量不会像转动偏振器这样大,但是外界环境的改变也
会造成平均波长发生 100 ppm 左右的波动。惯导级高精度光纤陀螺要求
光源平均波长优于 1 ppm 的总体稳定性,根据该目标,陀螺光源中的偏振
效应变得越来越重要。泵浦中任何改变光纤双折射的扰动或者偏振波动
都将导致光源的平均波长不稳定。

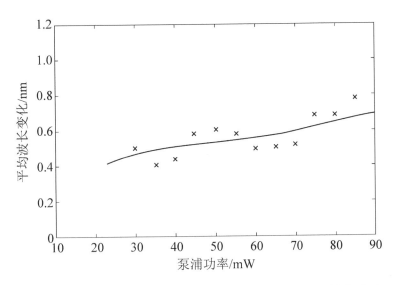

图 6.5　不同泵浦功率时平均波长在偏振器旋转时的最大波动

6.2　偏振态稳定的无偏 EDFS 设计

通过上节的研究可知,未加控制的 EDFS 初始光源可以看作是部分偏振的宽谱光源,EDFS 的结构经过改进可以使其成为无偏光或者线偏振光源。两种光源各有优缺点,如表 6.1 所列。但是在焊接光源与 Y -波导时,发现偏振轴的对接总是存在一定的误差角度 θ,造成了光谱的调制。同时国内生产掺铒光纤的造价昂贵。所以选择设计无偏 EDFS,而提高光源的出纤功率也是比较容易实现的。

表 6.1　偏振 EDFS 与无偏 EDFS 比较

光源类型	无偏振光源	偏振光源
优点	不考虑光源与 Y -波导偏振轴的对准; 成本低;	光源效率高
缺点	效率低,损失一半功率	需较高加工技术保证光源 偏振轴与 Y -波导对准; 需要保偏光纤,成本高

但是最为重要的是不管采用偏振光源还是无偏的光源都需要保证

其偏振态的稳定性,避免因光纤双折射通过 PDG 效应影响 EDFS 的平均波长稳定性。设计偏振态稳定的无偏 EDFS 就是要保证掺铒光纤中每一个铒离子都被均等地泵浦,而不受 PDG 效应的影响。

6.2.1　无偏 EDFS 结构分析

设计消偏 EDFS 的方法,可以采用双程结构的光源,在掺铒光纤的远端加入法拉第旋转镜(Faraday Rotation Mirror,FRM)。FRM 可以将泵浦光和 ASE 光的偏转态旋转 $\pi/2$,使掺铒光纤中的两个正交偏振态经历相同的 PDG 效应,其光源结构如图 6.6 所示。

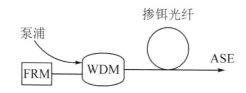

图 6.6　带 FRM 反射镜的双程结构 EDFS 光源

为了降低 WDM 的偏振相关特性对光源的影响,优先采用双程前向结构。掺铒光纤中产生的后向 ASE 达到 FRM 后,会被 FRM 反射,特殊的是 FRM 会将 ASE 光的两个正交偏振态互换。与泵浦光偏振方向相同的 ASE_x 被反射到在 y 轴传播,与泵浦光偏振方向垂直的 ASE_y 则会被反射到 x 轴传播。在 ASE 达到出射端时,两个偏振态都经历了相同的偏振路径。ASE_x 的增益为 $G_x = G_x + G_y$,而 ASE_y 的增益为 $G_y = G_y + G_x$,最终两个偏振方向的功率相等,实现了 EDFS 的消偏。

FRM 是由夹在两块永磁物质中的磁性光学晶体和一块反射镜组成的,其原理如图 6.7 所示。入射光经过磁性光学晶体时,其原来的偏振态会被耦合到另外一个偏振态上,与原来的偏振轴夹角为 Φ

$$\Phi = VBH \tag{6-16}$$

式中,V 为费尔德常数;B 为外加磁场的磁感应强度;H 为旋转镜材料的厚度。

该过程是不可逆的,偏振态被旋转了 Φ 的入射光被反射镜反射后将通过磁性晶体一次,这一过程又使其偏振态旋转了 Φ。判定 Φ 的方向遵从如下的法则:面向外加磁场的方向,偏振光按顺时针方向旋转。这样入

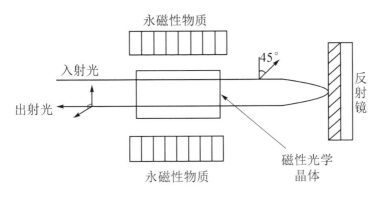

图 6.7　FRM 原理图

射光总共旋转了 2Φ。选择合适的 B 和 H，可以使 $\Phi = \pi/4$。出射光与入射光相比，偏振态总共旋转了 $\pi/2$。

　　但是 FRM 包含过多的元器件，无疑会增加 EDFS 的体积，这在 FOG 狭窄的内部是不合适的。其次 FPM 的价格比较昂贵，会增加系统成本。最重要的是在光源中前向 ASE 只在光纤中传输一次，虽然其功率较小，但其 PDG 效应会增加光源消光比，且造成光源的不稳定。同时该结构仍旧受 WDM 偏振相关特性的影响。如果不考虑成本，额外加入 Lyot 消偏器与 FRM 同时应用可以得到较好的效果。

　　另一种构造消偏 EDFS 的方法更加昂贵，系统中利用了保偏的单模掺铒光纤，其具体结构类型有多种，其主要有两种基本结构：单泵浦结构和双泵浦结构。双泵浦结构是保证两个泵浦光分别耦合进入保偏掺铒光纤的两个正交的偏振轴，相当于消除了泵浦光的偏振，但是前向泵浦和后向泵浦的效率不同，因而该结构效率较低。单泵浦结构的无偏 EDFS 如图 6.8 所示。

图 6.8　用保偏掺铒光纤的单泵浦消偏 EDFS 光源

　　在此结构中，泵浦光的偏振轴与保偏掺铒光纤的偏振轴以 $\pi/4$ 的角度连接。泵浦的偏振态沿光纤以周期 $L_{B,P}$ 变化，ASE 各个频率分量的偏振

态沿着光纤以周期 $L_{B,S}$ 变化,光纤的拍频长度与两者的关系为

$$L_B = L_{B,P}/\lambda_{Pump} = L_{B,S}/\lambda_{ASE} \qquad (6-17)$$

这样,在数米长的掺铒光纤中,ASE 各分量的偏振态周期性地与泵浦光的偏振态正交或者平行,PDG 效应被平均分摊在各个偏振态上,射出的ASE 就成了无偏光。图 6.8 是单程前向结构,实际上后向结构和双程结构都可以实现 EDFS 的消偏。但是这些结构的光源都经过了 WDM 的耦合,所以泵浦尾纤、WDM 以及其他器件都必须是保偏的。

综合以上分析可以看出,在 EDFS 所有的器件当中,WDM 的影响最难消除,无论是 FRM 还是保偏掺铒光纤,WDM 的偏振相关特性都会限制平均波长稳定性的提高。所以,研制高性能的保偏 WDM 是目前提高EDFS 稳定性的重要方法。

6.2.2　泵浦光消偏技术

根据 PDG 产生的原理,如果泵浦 EDFS 的激光是无偏光,那么掺铒光纤中的 PDG 效应则可以消除。基于此,设计了消偏泵浦光的 EDFS,其结构如图 6.9 所示,OSA 是光谱分析仪。在此结构中,采用经济且性能良好的 Lyot 光纤消偏器来对泵浦光进行消偏,考虑到 WDM 的传输特性是偏振相关的,为了测试 WDM 的偏振特性对 EDFS 的影响,可以通过测试EDFS 前向光与后向光的偏振特性来近似比较。

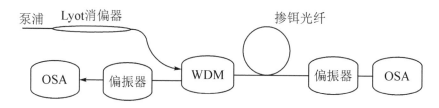

图 6.9　EDFS 消偏泵浦结构

该结构的光源性能完全取决于 Lyot 消偏器的消偏性能,通常用 Lyot消偏器输出光的消光比来衡量 Lyot 消偏器的消偏性能,即

$$ER = 10\log\left(\frac{1+P}{1-P}\right) \qquad (6-18)$$

式中,P 为 Lyot 消偏器输出光的偏振度,当 $P=0$ 时光波是无偏光,消光

比 $ER=0$,当 $P=1$ 时光波是偏振光,$ER\rightarrow\infty$。取 $\gamma(L)$ 为相关函数,所用激光光谱为高斯型,$\gamma(L)$ 可以表示为

$$\gamma(L)=\exp\left[-\frac{\pi L}{2\sqrt{\ln 2}\,L_d}\right] \tag{6-19}$$

输出光偏振度的计算如下所示:

$$P_{out}=\sqrt{1-\frac{4|J|}{J_{11}+J_{12}}}=$$

$P_{in}\{\cos^2 2\delta\,[\cos^2 2\alpha+\gamma^2(L_2)\sin^2 2\alpha]+\sin^2 2\delta\,[\gamma^2(L_1+L_2)\cos^4\alpha+$

$2\gamma(L_1+L_2)\gamma(L_2-L_1)\cos^2\alpha\sin^2\alpha+\gamma^2(L_1-L_2)\cos^4\alpha]+$

$\sin^2 2\delta\sin^2 2\alpha\,[\gamma^2(L_1)-\gamma(L_1+L_2)\gamma(L_2-L_1)]\cos^2(\Delta\beta L_1)-$

$\sin 4\delta\sin 2\alpha\,[\gamma(L_2)\gamma(L_2+L_1)\cos^2\alpha-\gamma(L_1)\cos 2\alpha-$

$\gamma(L_2)\gamma(L_2-L_1)\sin^2\alpha]\cos(\Delta\beta L_1)\}$ (6-20)

式中,J 为输入光的相干函数矩阵,决定于输入光光谱;L_1 和 L_2 为组成 Lyot 消偏器的两段保偏光纤长度;α 为保偏光纤 L_1 和 L_2 偏振轴的夹角;δ 为入射光偏振轴与 Lyot 消偏器偏振轴连接时的夹角;$\Delta\beta$ 为两个偏振状态传播常数之差。

式(6-19)中的 L_d 是保偏光纤的消偏长度,L_1 和 L_2 的长度可以在优化的情况下使 $\gamma(L_1)$,$\gamma(L_2)$,$\gamma(L_2-L_1)$ 都等于 0,此时式(6-20)可以表示为

$$P_{out}=P_{in}\cdot|\cos 2\delta|\cdot|\cos 2\alpha| \tag{6-21}$$

可见,在优化 L_1 和 L_2 的长度后,只要保证泵浦光偏振轴与 Lyot 消偏器 L_1 段的偏振轴的夹角为 $\pi/4$ 或者 $3\pi/4$,或 L_1 与 L_2 的夹角等于 $\pi/4$ 或者 $3\pi/4$ 就可以实现泵浦光的消偏,Lyot 消偏器的结构如图 6.10 所示。

理论上 L_1 和 L_2 只要满足式(6-22)所示的条件即可实现对泵浦光的消偏。取 L_{dc} 为泵浦光的不相干长度,Δn_b 为 L_1 和 L_2 正交偏振轴的折射率差,λ_0 为泵浦光的中心波长,$\Delta\lambda$ 为泵浦光的光谱宽度。对于 980 nm 的泵浦光,谱宽为 3 nm,保偏光纤正交主轴的折射率差为 5×10^{-4},可以得到 L_1 和 L_2 的最短长度为 0.65 m 和 1.3 m。在实验中取 L_1 和 L_2 的长度为 1.5 m 和 3.5 m 来对泵浦光进行消偏,得

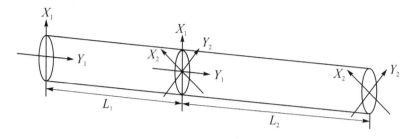

图 6.10 Lyot 消偏器结构

$$
\left.
\begin{aligned}
&L_1 \geqslant L_{dc}/\Delta n_b \\
&L_2 - L_1 \geqslant L_{dc}/\Delta n_b \\
&L_{dc} = \lambda^2/\Delta\lambda \\
&\Delta n_b = |n_x - n_y|
\end{aligned}
\right\}
\tag{6-22}
$$

图 6.11 所示为偏振器旋转时 EDFS 输出光功率的变化,从前向 ASE 的功率变化可以看出采用泵浦光消偏能实现 EDFS 光源的无偏化。与前向 ASE 光相比,后向光的功率则出现较大的波动。分析其原因主要是由于 WDM 是偏振相关的,所以后向出射光受到影响,表现为偏振特性。为了使后向 ASE 光无偏化,在偏振器的位置加入第 2 个 Lyot 消偏器以有效

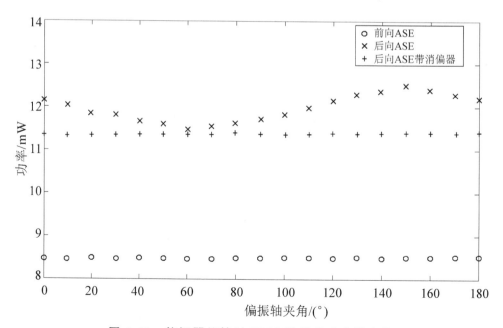

图 6.11 偏振器旋转时 EDFS 输出光功率的变化

消除其偏振态,第 2 消偏器的参数也可以根据式(6 - 20)得到,加入后得到了无偏的 ASE 光。前向 ASE 光功率还是有 0.09 mW 的最大偏离,推测仍是 WDM 的偏振特性造成的(因为消偏的泵浦光是经过 WDM 耦合进入掺铒光纤的)。

　　为了测试采用消偏泵浦光的 EDFS 的波长稳定性,在 11 个小时的时间内测试了温箱中的 EDFS 平均波长,如图 6.12 所示。为了对比实验,在去掉 Lyot 消偏器后,仍旧在温箱中测试了 EDFS 的平均波长,如图 6.13 所示。

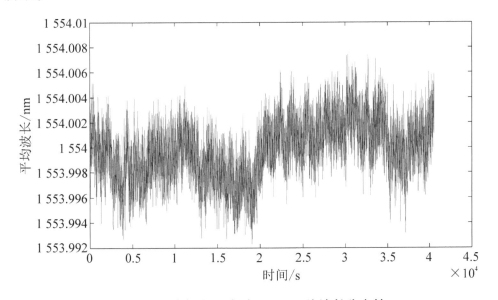

图 6.12　消偏光泵浦时 EDFS 平均波长稳定性

　　对比在加入 Lyot 消偏器前后的 EDFS 平均波长的长期稳定性,可以看出,在泵浦光被消偏前,平均波长的稳定性在 77 ppm(EDFS 结构已被优化,泵浦功率 90 mW,掺铒光纤长度 9 m)。而 Lyot 消偏器后 EDFS 的平均波长提高到了 12 ppm。虽然波长稳定性得到了提高,但是与理论要求的数值 1 ppm 以下还是有差距的。通过分析发现,L_1 和 L_2 在耦合时,主轴夹角存在 0.25°的误差,同时泵浦源的尾纤是单模非保偏的,存在偏振扰动,使泵浦光耦合进 Lyot 消偏器时 $\delta \neq \pi/4$,造成了泵浦光没有被完全消偏,这不可避免地会造成 EDFS 的不稳定。同时对 WDM 的偏振相关性也产生了影响。

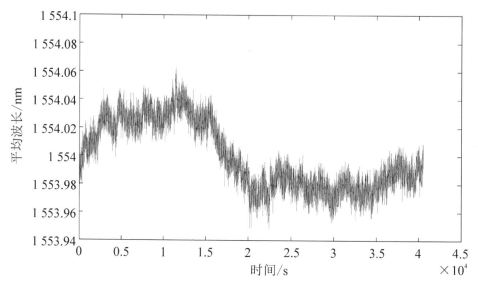

图 6.13　偏振光泵浦时 EDFS 平均波长稳定性

在设计中,将泵浦的尾纤替换为单模保偏光纤,保证其偏振轴与 Lyot 偏振器的夹角等于 $\pi/4$,同时 L_1 和 L_2 长度增加一倍至 3 m 和 7 m。在同样的条件下测试了 EDFS 的平均波长稳定性,如图 6.14 所示。平均波长的稳定性得到了提升,如果采用保偏 WDM,稳定性还可以进一步提高。

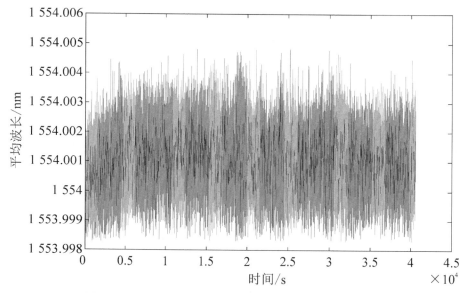

图 6.14　完全消偏光泵浦时 EDFS 平均波长稳定性

本章小结

铒离子的偏振效应是目前限制 EDFS 波长稳定性提高的重要因素。本章通过分析硅基光纤中铒离子的各向异性构建了铒离子的偏振物理模型,将铒离子的截面从三维参量简化为两维参量,建立 EDFS 的简化模型。用 Storks 和 Muller 矩阵分析描述铒离子的偏振特性,修正铒离子的吸收截面和辐射截面以及铒离子的速率方程,基于此推导出掺铒光纤在考虑偏振效应时的增益模型和自发辐射模型。仿真分析和实验结果表明,所建模型能够很好地预测 EDFS 中的 PDG 效应。实验还表明,EDFS 中偏振效应对 EDFS 平均波长不稳定性的最大贡献达到了 500 ppm。EDFS 中任何改变光纤双折射的扰动或者偏振波动都将导致光源的平均波长不稳定。讨论了偏振态稳定的无偏 EDFS 光源结构,设计了 Lyot 消偏器对泵浦光进行消偏,消除 PDG 效应对 EDFS 平均波长的影响,在优化了该结构 EDFS 的参数后,得到了较好的平均波长稳定性。

第 7 章　FAS 光源

随着光纤放大器和光纤光源技术的日趋成熟,FAS 光源显示出越来越大的优势。但是该光源接收陀螺的反馈信号时,在开环 FOG 中光源的稳定性会受到极大的影响,而在闭环 FOG 中由于陀螺反馈信号的平均值是恒定的,故光源的稳定性较好。FAS 具有双工特性,一般的滤波器难以被采用以提高光源的光谱宽度并使其光谱形状平坦化。同时 FAS 作为光纤放大器时的放大增益在陀螺输出信号变化时需要保持稳定,FAS 的放大增益应被钳制在一个固定的数值。影响 FAS 应用于 FOG 最重要的一点是 FAS 与 FOG 的组合技术,同样因为 FAS 的双工特性需要对每个单轴陀螺配置一个光源,这大大提高了系统的成本。采用陀螺复用技术来解决这一问题却带来了串扰等问题。本章针对 FAS 中存在的上述问题展开研究,以提高 FAS 的性能。

7.1　FAS 基本原理

FAS 是掺铒光纤光源的一种特殊结构,在该光源中采用后向 ASE 光作为陀螺的输入信号,前向 ASE 将陀螺的输出信号直接进行光放大,简化了检测电路设计,提高了掺铒光纤的利用率。FAS 的基本结构及其在开环 FOG 中的位置如图 7.1 所示。

在图 7.1 中,泵浦光被 WDM 耦合进入掺铒光纤产生超荧光即放大的自发辐射 ASE。其中后向 ASE 经 WDM 被耦合输出,作为信号光进入光纤环中敏感空间转速,成为 FOG 信号光。加载了转速信息的 FOG 信号在集成光学系统中汇合为一束光,经由 WDM 被再次耦合进入掺铒光纤。此时 FAS 可以被看作为一个光纤放大器,耦合进入掺铒光纤的 FOG 信号被前向 ASE 放大成为放大的 FOG 信号,之后被光电探测器转为电信号。由于光信号较强,因而可以简化探测器的转换电路及后续的放大电路。但

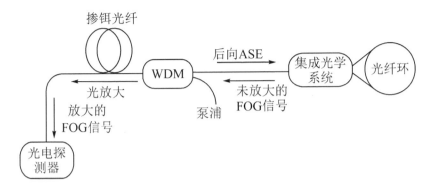

图 7.1　FAS 光源基本结构及其在开环 FOG 中的位置

是对 FOG 信号进行光放大时也存在噪声,有可能降低 FOG 信号的信噪比,因而首先需要研究的就是 FAS 的放大噪声特性。

7.2　FAS 噪声特性

FAS 光源具有光放大器的功能,需要对 FAS 作为光纤放大器时的噪声特性进行分析研究,以在 FAS 光源的结构设计中提高信噪比。

在光纤放大器中,使用噪声指数来衡量信号通过放大器时其信噪比的退化程度,即

$$NF = \frac{\mathrm{SNR_{output}}}{\mathrm{SNR_{input}}} \qquad (7-1)$$

式中,$\mathrm{SNR_{input}}$ 为输入信号的信噪比,$\mathrm{SNR_{output}}$ 为信号通过光纤放大器被放大后的信噪比。光纤放大器的理论简图如图 7.2 所示。

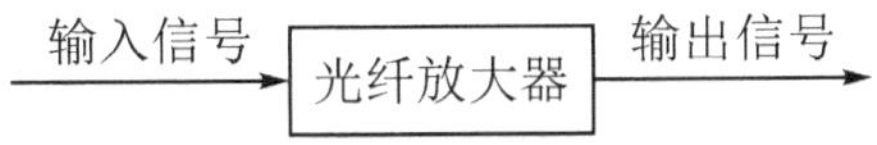

输入信号　→　光纤放大器　→　输出信号

图 7.2　光纤放大器理论简图

输入信号被耦合进入光纤放大器,由于量子噪声的存在,另外一端的输出既有被放大的信号,也有放大自辐射 ASE 光。ASE 光与被放大的信号光具有相同的频谱,所以滤波技术不能消除 ASE 光,这样 ASE 光就成为噪声,是光纤放大器输出信号信噪比下降的主要原因。

从掺铒光纤放大器的如下传输方程(7-2)来分析 ASE 噪声特性,即

$$\frac{\mathrm{d}P_{\mathrm{n}}}{\mathrm{d}z} = -\left[\sigma_{\mathrm{e}}N_{\mathrm{u}}(n+1)+\sigma_{\mathrm{a}}N_{1}n\right]P_{\mathrm{n}}+$$

$$\left[\sigma_{\mathrm{e}}N_{\mathrm{u}}n\right]P_{\mathrm{n-1}}+\left[\sigma_{\mathrm{a}}N_{1}(n+1)\right]P_{\mathrm{n+1}} \qquad (7-2)$$

式中，P_i 是在掺铒光纤中位置 z 处存在 i 个离子的概率。与前面章节相同，σ_{a} 和 σ_{e} 分别代表铒离子的吸收截面和辐射截面，N_{u} 和 N_1 分别代表高能级和低能级的离子数。

在式（7-2）的两边分别乘以 n 并求和可得 n 的平均值

$$\frac{\mathrm{d}\bar{n}}{\mathrm{d}z} = \sigma_{\mathrm{e}}N_{\mathrm{u}}(\bar{n}+1)-\sigma_{\mathrm{a}}N_1\bar{n} \qquad (7-3)$$

取 $s=n^2$，分别乘以 n^2 并求和可得 n^2 的平均值

$$\frac{\mathrm{d}\bar{s}}{\mathrm{d}z} = \sigma_{\mathrm{e}}N_{\mathrm{u}}(2\bar{s}+3\bar{n}+1)-\sigma_{\mathrm{a}}N_1(2\bar{s}+\bar{n}) \qquad (7-4)$$

可以定义放大器的增益 G 为

$$G(z) = \exp\left\{\int_0^z \left[\sigma_{\mathrm{e}}N_{\mathrm{u}}(x)-\sigma_{\mathrm{a}}N_1(x)\right]\mathrm{d}x\right\} \qquad (7-5)$$

掺铒光纤放大器中的 ASE 光定义为

$$N = G(z)\int_0^z \frac{\sigma_{\mathrm{e}}N_{\mathrm{u}}(x)}{G(x)}\mathrm{d}x \qquad (7-6)$$

通过求解方程式（7-3）和式（7-4）可以得到 $\bar{n}$ 和 $\bar{s}$，实际上铒离子跃迁辐射的光强与 $\bar{n}$ 和 $\bar{s}$ 成比例，从而可以得到光纤放大器输出信号的功率，为

$$\langle S_{\mathrm{out}} \rangle = G\langle S_{\mathrm{in}} \rangle + 2N \qquad (7-7)$$

$$\langle S_{\mathrm{out}}^2 \rangle = G^2\langle S_{\mathrm{in}}^2 \rangle + G(4N-G+1)\langle S_{\mathrm{in}} \rangle + 2N(2N+1) \qquad (7-8)$$

从而可以得到输出信号的方差，为

$$\sigma_{\mathrm{out}}^2 = \langle S_{\mathrm{out}}^2 \rangle - \langle S_{\mathrm{out}} \rangle^2 =$$

$$GS_{\mathrm{in}} + 2(G-1)n_{\mathrm{sp}} + 2GS_{\mathrm{in}}(G-1)n_{\mathrm{sp}} +$$

$$2(G-1)^2 n_{\mathrm{sp}} + G^2(\sigma_{\mathrm{in}}^2 - S_{\mathrm{in}}) \qquad (7-9)$$

式中，σ_{in} 为输入信号的噪声；n_{sp} 为铒离子的反转参数，在铒离子数完全反转时 $n_{\mathrm{sp}}=1$，在离子数反转率下降时，n_{sp} 升高，其表达式为

$$n_{\mathrm{sp}} = \frac{N}{G-1} \qquad (7-10)$$

式(7-9)中,前两项是输出信号的散粒噪声,第二项是信号自辐射的拍频噪声,最后一项是除散粒噪声外的被放大的输入噪声。掺铒光纤放大器的噪声指数可以表示为

$$NF = \frac{GS_{in} + 2(G-1)n_{sp} + 2GS_{in}(G-1)n_{sp} + 2(G-1)^2 n_{sp}^2 + G^2(\sigma_{in}^2 - S_{in})}{G^2 \sigma_{in}^2}$$

$$(7-11)$$

3 dB 信噪指数限制是指在信号功率远大于 ASE 功率,输入信号散粒噪声较小,且放大器的增益很大,此时信噪指数可以简化为 $NF \approx 2n_{sp}$,实现了放大器放大性能超过 3 dB。当光纤放大器的增益较小时,噪声指数会降低很多。对于 FAS 中的光纤放大器而言,其输入的是宽谱信号,且受过量噪声限制。当放大增益接近 20 dB,由式(7-11)可得 $NF \approx 1$。但是放大器产生的噪声与初始 FOG 信号的过量噪声相比较小,所以 FAS 中的放大器产生的噪声对 FOG 的随机游走系数产生的影响极小,可忽略。更为有益的是相对于其他光源结构,FAS 提高了探测器探测到的光功率。

7.3　FAS 光源结构设计

由于 FAS 光源与 FOG 进行耦合时需要较大功率,并考虑到偏振效应,实际耦合进入光纤环的功率只有原来的1/2。实际对 FAS 光源的性能指标提出的要求包括:输出功率大于 15 mW,光谱稳定性优于10 ppm,光谱宽度大于 30 nm,偏振度小于 0.5 dB,对 FOG 信号的放大增益高于 20 dB。

由于 FAS 中难以采用滤波器平坦光谱,所以设计了双向泵浦的 FAS 光源结构,如图 7.3 所示。采用的双向泵浦分为前向泵浦和后向泵浦,分别被 WDM 耦合后进入掺铒光纤。在光纤中用反射镜代替光纤环,可以通过调整反射镜的反射率来模拟变化的陀螺信号。反射镜可以通过采用不同的角度来加工光纤端面,因而整个系统调试起来比较方便。图 7.3 中的耦合器在实际应用中可去除,这里使用端口 A 和端口 B 分别用于检测被 FAS 放大之前的 FOG 信号和 FAS 输出的光源光谱特性,以和放大后的 FOG 信号作比较。所用光纤参数在表 5.1 中已列出。

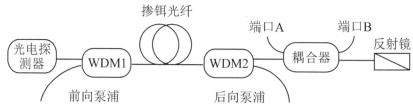

图 7.3　双泵浦 FAS 光源结构

7.3.1　FAS 光谱特性分析

通过前面章节的分析可以看出,在选定掺铒光纤(即铒离子浓度确定)的情况下,掺铒光纤放大器光源(EDFAS)的光谱的调整通过两个参数实现,即泵浦功率和掺铒光纤的长度。为了选定光源参数,先通过试验选择光源的结构参数。采用不同的光纤长度(5 m,7 m,9 m,12 m)分别测试单独采用后向泵浦时的后向 ASE 光谱(见图 7.4),以及单独采用前向泵浦的前向 ASE 光谱(见图 7.5)。

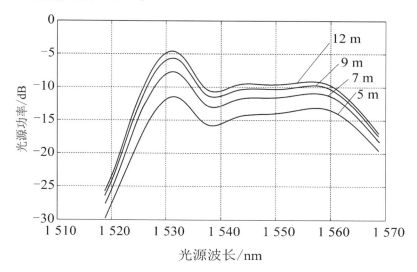

图 7.4　后向泵浦时 ASE 光谱

从图中可以看出,前向 ASE 和后向 ASE 的光谱互补,虽然功率上有所差别,但是可以通过调节泵浦功率补齐。同时由于都是单峰结构的光谱,两个光谱的谱宽都比较低。所以当采用双泵浦时,可以有效地拓宽光源的谱宽。采用较长光纤时仍可得到相似的结果,但是泵浦功率需要适当提高。

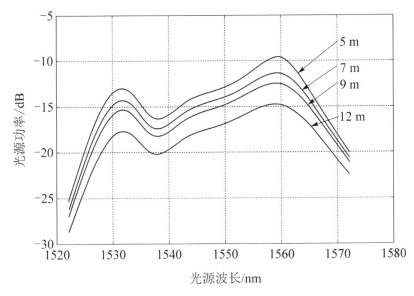

图 7.5　前向泵浦 ASE 光谱

　　图 7.6 所示为长度为 9 m 的光纤在采用不同功率比例的前后向泵浦光时,对应 FAS 的输出光谱形状。选定后向泵浦的输出为 60 mW,前向泵浦分别从 0 mW 增加到 100 mW 时光谱先趋于平坦,后又向长波方向增加。可以看出前后向的最佳泵浦功率比(80 mW∶6 mW),此时总泵浦功

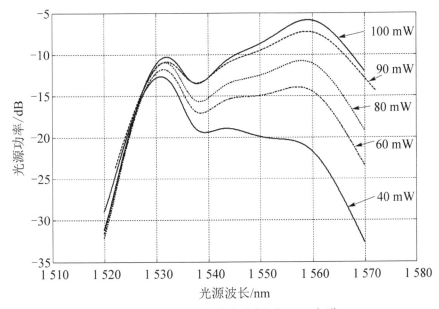

图 7.6　不同泵浦功率比例时 FAS 光谱

率达到了 140 mW,需要较稳定的泵浦源,如图 7.7 所示。该数字电路的参数调整简单,控制逻辑清楚,较容易分析电路产生的问题。数字控制逻辑的控制输出经过缓冲,可以避免振荡,从而提高了系统的性能指标,并具有可靠性高、成本低、研制周期短的优点。采用可编程逻辑器件 FPGA 对泵浦源的输出功率和工作温度进行控制,使泵浦源输出功率的稳定性达到了 0.1 mW,工作温度稳定在 0.05 ℃以内,满足了 EDFS 对泵浦源稳定性的要求。

图 7.7　数字控制泵浦源

7.3.2　FAS 平均波长稳定性分析

对于宽谱光源,其平均波长和谱宽都是对功率谱 $P(\lambda)$ 的加权平均,即

$$\left.\begin{aligned}\bar{\lambda} &= \frac{\sum P(\lambda_i) \cdot \lambda_i}{\sum P(\lambda_i)} = \frac{\int P(\lambda) \cdot \lambda \, d\lambda}{\int P(\lambda) \, d\lambda} \\ \Delta\lambda &= \frac{\left[\sum P(\lambda_i)\Delta\lambda_i\right]^2}{\sum P^2(\lambda_i)\Delta\lambda_i} = \frac{\left(\int P(\lambda) \, d\lambda\right)^2}{\int P(\lambda)^2 \, d\lambda}\end{aligned}\right\} \quad (7-12)$$

通过前面几章的分析,反映 EDFS 平均波长稳定性的式(5-1)被修

正为

$$\Delta \bar{\lambda} = \frac{\partial \bar{\lambda}}{\partial P_{\mathrm{p}}} \Delta P_{\mathrm{p}} + \frac{\partial \bar{\lambda}}{\partial \lambda_{\mathrm{p}}} \Delta \lambda_{\mathrm{p}} + \frac{\partial \bar{\lambda}}{\partial P_{\mathrm{fb}}} \Delta P_{\mathrm{fb}} + \frac{\partial \bar{\lambda}}{\partial T_{\mathrm{Er}}} \Delta T_{\mathrm{Er}} +$$

$$\frac{\partial \bar{\lambda}}{\partial PDG} \frac{\partial PDG}{\partial SOP} \Delta SOP \qquad\qquad (7-13)$$

式中,$\Delta \bar{\lambda}$ 为 EDFS 平均波长漂移;ΔP_{p} 和 $\Delta \lambda_{\mathrm{p}}$ 分别为泵浦功率和泵浦波长扰动;ΔP_{fb} 为光路中的反馈水平;ΔT_{Er} 为掺铒光纤本身的温度波动;ΔSOP 是泵浦与 ASE 光偏振态的变化。

　　式(7-13)的前两项对应泵浦源稳定性的影响。通过对掺铒光纤参数进行优化,当光纤中离子的掺杂浓度为 110 mole ppm 和掺铒光纤的长度为 9 m,泵浦功率稳定在 0.01 mW,工作温度稳定在 0.1 ℃内可以使前两项的影响降低到 1 ppm 以下。第三项是光路的反馈影响,这对于 FAS 而言不会引起激光震荡,只要保证反馈的平均功率波动为零,就可以免疫反馈的影响,这也是 FAS 能简单用于闭环 FOG 的原因。掺铒光纤的温度影响是没有办法消除的,只能采用控温或补偿,可采用式(5-30)对其进行补偿。最后一项是掺铒光纤中 PDG 效应而导致的 EDFS 不稳定性,通过第 6 章的消偏设计,在 FAS 的两个泵浦方向加入 Lyot 消偏器。

　　泵浦功率按获得最佳谱宽的比例选择,测试了 FAS 光源在室温下缓慢变化时的平均波长稳定性,如图 7.8 所示。需要说明的是由于采用的是双向泵浦,所以在优化掺铒光纤长度时,选择只用一个泵浦源,用耦合器将泵浦分为固定比例的两部分,再研究总泵浦功率与平均波长的关系。实际应用中也采用了单泵浦的方式,因为两个方向的泵浦同时变化,会加大 FAS 的不稳定性。在温度变化时,FAS 的平均波长稳定性退化到 50 ppm,采用式(5-30)较好地预测了平均波长的变化,且与实验曲线基本吻合,所出现的差异可归因于器件(如 WDM)以及耦合器的温度漂移。采用该温度模型补偿后,FAS 的波长稳定性提高到了 8 ppm。与单程结构的光源相比,FAS 的波长稳定性有所降低,原因是采用了两个 WDM,其偏振依赖特性在温度变化时也发生了变化,进而影响光源的波长稳定性。

　　同样地,也测试了 FAS 的偏振特性,在 FAS 的两个输出端分别加入了偏振器,旋转偏振器与光纤的耦合角度,测试其最大的功率波动,得到

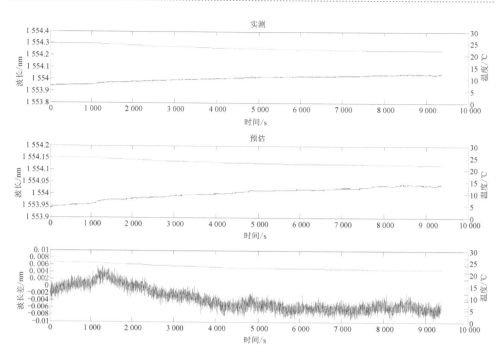

图 7.8　FAS 平均波长温度稳定性

FAS 的消光比小于 0.05，如图 7.9 所示。为了更清晰，只给出了为 FOG 提供询问信号的输出端，另外一段并未给出，两端在偏振态的表现上是对称的，其消光比都在 0.05 以下。

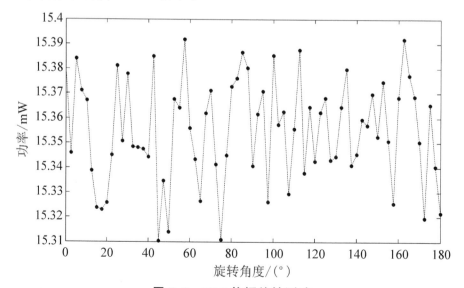

图 7.9　FAS 偏振特性测试

7.3.3   FAS 功率和增益特性分析

FAS 功率随泵浦功率的变化如图 7.10 所示,分别给出了前向单独泵浦和后向单独泵浦时的功率以及采用两个泵浦时的功率。前向泵浦的功率小于后向泵浦的功率,而双向全开时的功率仍旧小于后向泵浦的功率,这是因为同样的功率在 FAS 中被分开为前后两部分,分到前向的部分所能产生的 ASE 光功率小于作为后向泵浦光时的功率。但是在较大的泵浦功率下,FAS 的功率也达到了 18 mW。

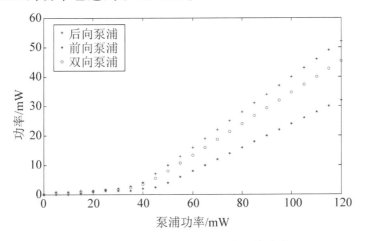

图 7.10   FAS 功率随泵浦功率的变化

通过 7.1 节的分析,可以看出为了保持 FAS 的噪声指数大于 1,必须保证增益在 20 dB 以上,而光纤放大器的增益受泵浦源的影响,测试了 FAS 的放大增益与泵浦的关系如图 7.11 所示。可以看出,在泵浦光达到 90 mW 时,FAS 获得较大的增益为 27.5 dB,继续增高泵浦功率增益趋于饱和。

为了全面分析 FAS 的放大特性,分别测试了端口 A 陀螺输出的未经放大的信号平均波长与 FAS 左端的放大后信号平均波长并进行了比较,如图 7.12 所示。与放大前的信号相比,陀螺出射光的平均波长偏于长波方向,这是掺铒光纤放大器的固有特性。另外,一个显著的特点是被放大的陀螺信号的平均波长稳定性降低,主要受温度的影响加大,这是由于 FAS 作为放大器作用于光信号时也会受温度的影响,两者的差值随温度而变化恰好说明了这一点。

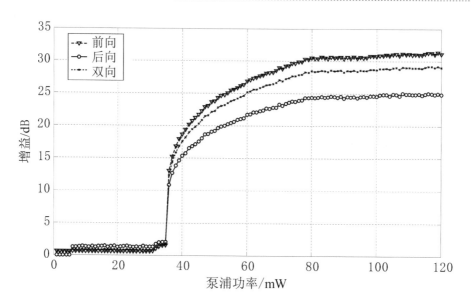

图 7.11　FAS 放大增益与泵浦功率的关系

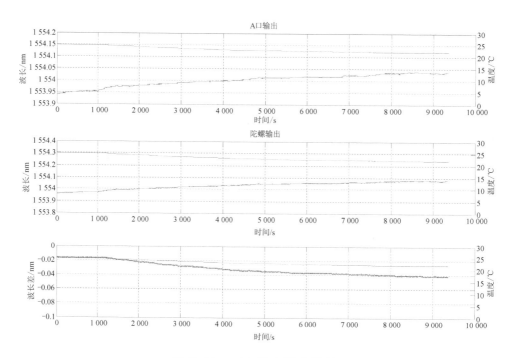

图 7.12　FAS 放大温度特性

　　为了有效评估 FAS 作为光纤放大器时受温度的影响使陀螺信号的平均波长变化,需要对模型进行一定的修正。在原有评估的基础上考虑光纤放大器增益的温度特性 $G(T)$。

此时只考虑式(5-24)即只考虑增益的影响,功率传输方程修正为

$$\frac{\mathrm{d}P_{\mathrm{so}}^{\pm}(z,\nu)}{\mathrm{d}z}=\pm\left[\left[g^{*}(z,\nu)+\alpha(z,\nu)\right]N_{\mathrm{inv}}P_{\mathrm{si}}^{\pm}(z,\nu)\right]\quad(7-14)$$

利用式(7-14)进行修正后,可以有效评估放大后的陀螺平均波长变化量,如图 7.13 所示。预估的精度较低,只有 10 ppm,原因可能是 WDM 等温度敏感器件的影响不能被估测到,所以有待进一步提高。

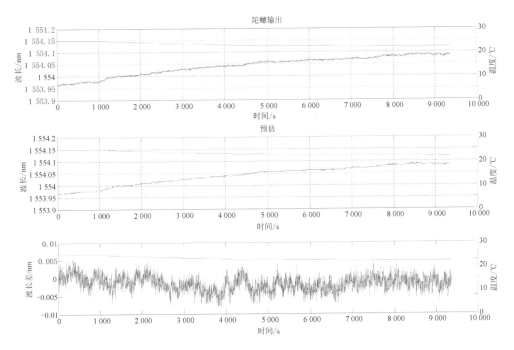

图 7.13　FAS 放大温度特性的预估

7.4　FAS 增益钳位技术

进行增益钳位有两个原因。首先是陀螺反馈信号的改变。理论上闭环 FOG 的反馈平均功率为恒值,不会产生影响,且铒离子的响应速度低于陀螺的度跃时间,所以可不考虑其影响。但陀螺在较长时间内其正负半周期的差值不是恒值,会使小信号的增益发生变化。其次是光路中的反馈,包括光纤中的缺陷点以及瑞利背向散射等与光学器件(如 WDM 等)的接

口处的反馈会随环境而改变,进而影响到 FAS 的增益。为了提高检测精度需要保持 FAS 的增益恒定,故需要对增益进行钳位。

7.4.1　光纤光栅增益钳位技术

　　实现 EDFA 增益钳位的方法很多,大体分为电路和光路两类。采用电路控制是对放大的光信号采样并转换为电信号并作为反馈以调整泵浦电流使增益稳定。这种方法存在的问题较多,如光电转换速率较慢、光电转换过程中的噪声和漂移较大以及泵浦电流调节范围小且易引起 FAS 不稳定。光路控制是采用光学器件对整个 EDFA 进行增益钳位,其原理是在 EDFA 结构中引入反射某一波长的光学元件,将均匀展宽的增益介质掺铒光纤构置成反射谐振腔形成激光振荡,在光功率达到一临界值时,粒子数反转可以自动调节光功率以补偿输入功率波动带来的影响。光路控制的方法克服了电路控制的缺点,具有较好的性能。由于光纤光栅的反射率可以达到 99% 以上且其反射波长可以选择,易于与光纤耦合焊接,所以被广泛用于构成激光反射腔并且得到了很好的效果。考虑到的 FAS 具有双向输出特性,为了保证光源和陀螺信号的一致性,采用两个光纤光栅实现对 FAS 的增益钳位,通过选择合适的反射波长和反射率这也可对 FAS 的光谱进行一定程度的滤波,实现光谱的平坦化。光源结构如图 7.14 所示。

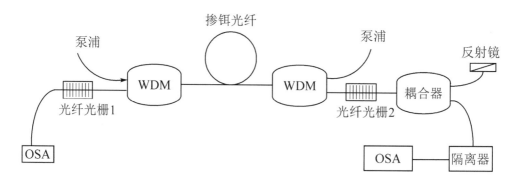

图 7.14　FAS 增益钳位测试光路

　　图中在 FAS 两端分别加入了光纤光栅,其谱宽均小于 1 nm,由于有益的波段为 1 530～1 560 nm,所以希望发生激光振荡的波段小于 1 525 nm 或者高于 1 565 nm。为了测试 FAS 的增益随反馈波动的变化情况,在光纤光栅 2 的输出端接入 50% 的 T 型耦合器,耦合器一个输出端接光谱分析仪测试 EDFS 的输出功率,采用反射镜来模拟波动的反馈信号。端面处理可以采用不同的加工角度实现不同的反射率,加工角度在 15°~90° 的范围变化。掺铒光纤中产生的 ASE 光谱中满足两个光纤光栅布拉格反射条件的波长 λ_f,会被光纤光栅反射回介质掺铒光纤中被继续放大。而掺铒光纤中的粒子数是一定的,λ_f 和陀螺反馈信号 λ_s 共用掺铒光纤中的反转粒子数,λ_f 达到饱和以后限制了粒子数的反转程度,从而保证粒子数的反转自动保持在一定程度上,实现了 EDFA 增益的钳位。

考虑到 EDFA 中的铒离子能级展宽以均匀展宽为主,而增益钳位的 EDFA 的模型与普通的 EDFA 原理相同,仍可用二能级模型,即

$$\frac{\mathrm{d}P_s^{\pm}(z,\nu_j)}{\mathrm{d}z} = \pm \left[[g^*(z,\nu_j) + \alpha(z,\nu_j)] N_{inv} P_s^{\pm}(z,\nu_j) + \right.$$
$$\left. g^*(z,\nu_j) \cdot 2N_{inv} h\nu_j \Delta\nu_j - [l(z,\nu_j) + \alpha(z,\nu_j)] P_s^{\pm}(z,\nu_j) \right]$$

$$(7-15)$$

$$N_{inv} = \frac{n_2}{n_t} = \frac{\displaystyle\sum_j \frac{(P_s^+(z,\nu_j) + P_s^-(z,\nu_j))\alpha(\nu_j)}{h\nu_j \zeta}}{1 + \displaystyle\sum_j \frac{(P_s^+(z,\nu_j) + P_s^-(z,\nu_j))(\alpha(\nu_j) + g_j^*(\nu_j))}{h\nu_j \zeta}}$$

$$(7-16)$$

式中,N_{inv} 为粒子反转比率;n_2 为激发态的粒子数;n_t 为基态与激发态粒子数的总和;ν_j 为 ASE 光谱分段中第 j 个波段的频率;l 为掺铒光纤的本征吸收系数;ζ 为饱和参数。不考虑光路中的损耗时,上述微分方程的边界条件为

$$\left. \begin{array}{l} P^+(0,\nu_j) = P^-(L,\nu_j) = 0 \\ P^+(0,\nu_f) = P^-(0,\nu_f)R_2 \\ P^-(L,\nu_f) = P^+(L,\nu_f)R_1 \end{array} \right\}$$

$$(7-17)$$

式中,ν_f 为满足光纤光栅布拉格反射条件的频率;L 为掺铒光纤的长度;R_1 和 R_2 分别为两个光纤光栅的反射率。

在计算时,假定 $P^-(z,\nu_j) = 0$,在 $z=0$ 到 L 之间用龙哥库塔法计算

$P^+(z,\nu_j)$，之后再以 $P^+(z,\nu_j)$ 为条件反向计算 $P^-(z,\nu_j)$，再返回以计算 $P^+(z,\nu_j)$，反复计算多次之后可以得到误差较小的仿真数值。定义 FAS 中的 EDFA 的增益和噪声系数为

$$
\left.
\begin{aligned}
G &= 10\log_{10}(P_{\text{in}}/P_{\text{out}}) \\
NF &= 10\log_{10}\left(\frac{1}{G} + \frac{P_{\text{ASE}}}{h\nu G \Delta\nu}\right)
\end{aligned}
\right\} \tag{7-18}
$$

通过选用在第 4 章分析的最佳光纤参数，可以计算分析 FAS 的放大增益特性。

7.4.2　光纤光栅反射波长对增益钳位的影响

为了分析光纤光栅布拉格反射波长 λ_f 对 FAS 放大增益钳位的影响，分别对两个光纤光栅均采用 $\lambda_f = 1\,520$ nm，$1\,525$ nm，$1\,565$ nm，$1\,570$ nm 的波段来计算增益。光纤光栅的反射带宽取 0.7 nm，反射率取 $R_1 = R_2 = 99\%$，泵浦功率采用 90 mW，掺铒光纤长度取 10 m，FAS 增益的曲线和噪声曲线如图 7.15 和图 7.16 所示。

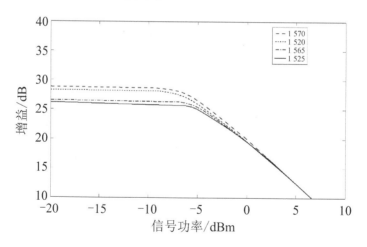

图 7.15　光纤光栅不同反射波长时的钳位深度

从图中可以看出，放大增益钳位深度 $P_c(1\,525) > P_c(1\,520)$，另外，$P_c(1\,565) > P_c(1\,570)$。可以看出当反射波长接近有益波段时，钳位效果更好。但采用增益钳位可使噪声系数的下降。

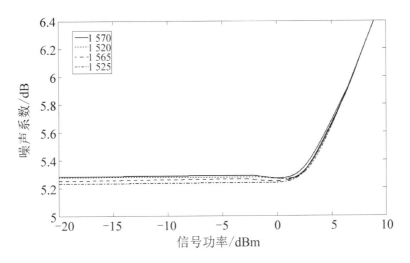

图 7.16　光纤光栅不同反射波长时的噪声系数

7.4.3　光纤光栅反射率对增益钳位的影响

为了确定光纤光栅最佳的反射率,在 $\lambda_f = 1\,525$ nm 时,分别对反射率从 0 到 99% 的 FAS 增益特性进行了计算,结果如图 7.17 所示。从图中可以看出当反射率大于 20% 时可以对光源进行增益钳位,随着反射率的增大,钳位效果越来越好,而当反射率大于 80% 时效果改进得并不明显。因

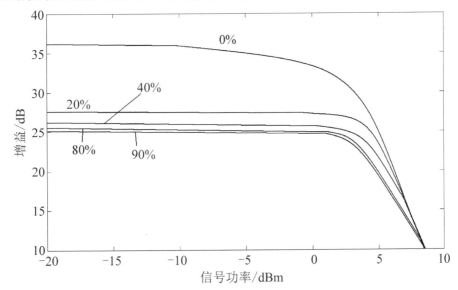

图 7.17　不同光栅反射率时的钳位深度

此选用光纤光栅反射率的灵活性较大,这也为采用光纤光栅对 EDFS 进行滤波提供了条件。

7.4.4　光纤光栅的滤波特性

　　对 FAS 的光谱进行滤波,可以依据光源的初始光谱将布拉格光栅的反射波长设置在需要滤掉的波段。当反射波长取 1 532 nm,采用带宽为 8 nm,可以将光源的输出光谱转化为中心波长为 1 550 nm 谱宽为 20 nm 的宽谱光源,如图 7.18 所示。可以再加入一对光纤光栅实现更广范围的滤波,这两对光纤光栅的反射波长依原始光谱分别设置为 1 532 nm 和 1 560 nm,反射率设置为小于 40%,这样可以实现平坦光谱滤波,其结构如图 7.19 所示。光纤光栅 FG1 与 FG2 组成一对,其反射波长均为 1 532 nm, FG3 与 FG4 组成一对且反射波长均为 1 560 nm。由于采用双向泵浦实现了原始光谱双峰持平故两对光栅的反射比率相同。

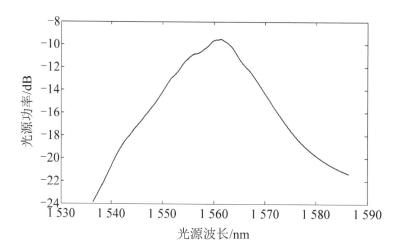

图 7.18　滤波后的单峰光谱

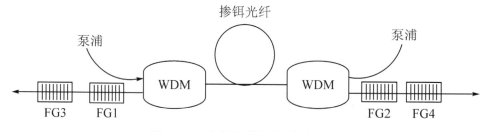

图 7.19　光纤光栅平坦滤波光路

7.5　FAS 与 FOG 耦合技术

由 FAS 的结构可以看出,FAS 光源如何与陀螺结合是一个关键性的问题。由于陀螺的信号需要返回 FAS 并被放大,一种方法是在每个轴的陀螺都需要一个光源,这与其他结构的 EDFS 光源相比,增加了系统成本,但其优势是泵浦功率较低,有利于驱动电路简化,提高温度特性;而另外一种解决办法就是三轴陀螺共用 FAS 光源,采用多路复用技术。值得一提的是现用 FOG 也采用三轴共用一个光源的复用技术,但是 FAS 复用系统更为复杂,可以实现 FOG 的小型化、三轴陀螺一体化,可降低成本提高FOG 的一致性。

7.5.1　FOG 复用技术分析

FOG 的复用技术可根据复用方式将其分为频分复用和时分复用两大类,根据复用结构可以分为树形结构和 $1\times N$ 的矩形结构,如图 7.20 所示。矩形结构与树形结构相比,多用了一个耦合器,而且耦合器的分光比都不相同且制作繁复。矩形结构的三轴陀螺不对称,造成三轴陀螺的一致性较差,前面的陀螺可能会影响到后面的陀螺,所以在 FOG 复用技术中较多采用树形结构。

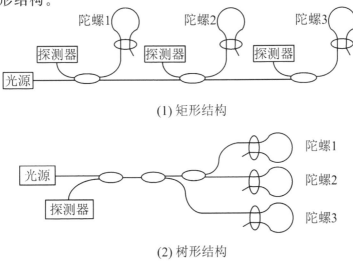

(1) 矩形结构

(2) 树形结构

图 7.20　FOG 复用结构

频分复用技术往往应用于开环 FOG 中,其原理是将三轴陀螺的光纤环相位调制函数 $f_m(t)=2\phi\sin\omega t$ 设定在不同的频率上,并使 $f_m(t)$ 满足如下公式:

$$\left.\begin{array}{l} |f_{m1}-kf_{m2}-mf_{m3}| \gg B \\ |f_{m2}-nf_{m1}-pf_{m3}| \gg B \\ |f_{m3}-qf_{m1}-rf_{m2}| \gg B \end{array}\right\} \qquad (7-19)$$

式中,k,m,n,p,q,r 均为整数;B 为 FOG 探测器的检测带宽;f_{mi} 分别为三个陀螺的相位调制频率。

f_{mi} 的一次谐波在频域内被区别开,便于在频域内进行滤波或者采用同步电路时就可以检测出各轴陀螺的信号。但是频分复用采用正弦调制方法,一方面造成 FOG 的精度差和动态范围较小,另外一方面,如果采用 FAS 光源还需要考虑 FOG 返回信号功率波动对 FAS 的影响,所以在 FOG 复用技术中通常不采用频分复用。

时分复用技术一般与闭环 FOG 相结合,采用不同的方波调制方式可以区分三轴陀螺信号,通过简单的解耦运算,可以得到三轴陀螺的输出。从相应的文献上看,现在的时分调制技术主要是开关型和等分方波频率型。开关型是指在同一时刻只有一个陀螺在工作,其余两个陀螺的光源被关断。这种结构的 FOG 控制方法简单有效,但是由于单个陀螺等待时间太长,工作频率较低。更为重要的是,光开关的价格昂贵,关断光源的响应时间和关断性能远不能满足要求,导致三轴 FOG 相互影响信噪比下降,所以光开关型已很少被关注。等分方波调制是让一个陀螺工作在 $\pi/2$ 的灵敏区,同时让另外两个陀螺工作在 $\pm\pi$ 的不灵敏区,调制信号如图 7.21 所示。这样避免了光开关的使用,提高了系统的可靠性。但是这种情况下由于三轴陀螺返回的平均功率不均衡,使检测器所检测到的功率不稳定,从而造成系统的零点抖动。另外,这种复用结构仍旧没有提高信号的检测速率。

7.5.2　FOG 复用调制解调技术

基于以上分析,可采用的时分复用结构包括:共用一个 FAS 光源、一个探测器以及一块信号处理电路。图 7.22 所示的三轴陀螺时分复用结构

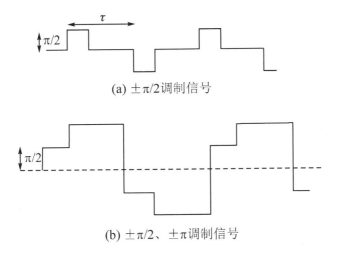

(a) $\pm\pi/2$ 调制信号

(b) $\pm\pi/2$、$\pm\pi$ 调制信号

图 7.21　时分复用 $\pm\pi/2$,$\pm\pi$ 调制信号

为一种可行的,能够解决信号检测频率低和系统零点不稳定问题。

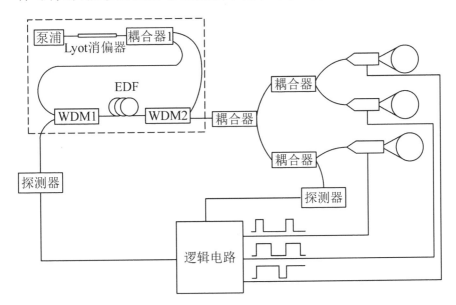

图 7.22　三轴陀螺时分复用结构

　　图中虚线框内所示的是 FAS 光源,除耦合器 1 外所有的耦合器分光比为 50:50。WDM2 的输出光经过三角形的耦合器网络,被分成 4 路相等的光源并输出。其中 3 路分别经过三轴陀螺的 Y-波导耦合进入各自的光纤环,另外一路可经由探测器输出至信号检测逻辑电路作为检测光源强度

噪声之用。三轴陀螺输出的复合信号经过耦合器网络被同时耦合进入
FAS 中放大，经由 WDM1 输出，被探测器转换后送入数字逻辑电路处理。
闭环光纤陀螺采用方波 $\varphi_m(t)=\pm(\varphi_0/2)$ 对复合信号进行偏置调制，调制
频率采用光纤环的本征频率 $f_0=1/(2\tau)$（τ 代表光在光纤环中的传输时
间），其调制波形见图 7.23 所示。通过采用占空比不同的方波分别调制三
轴陀螺的 Y-波导，使其可以在较短周期内完全检测出三轴陀螺信号。

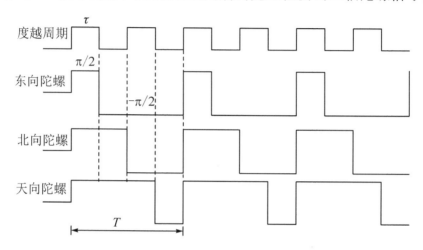

图 7.23　三轴陀螺时分调制信号

从其调制波形可以看出，一个调制周期包含了 4 个时间段 $T_1=\tau$，
$T_2=2\tau$，$T_3=3\tau$，$T_4=4\tau$ 总周期为 4τ。在每个时间段 T 内，光电检测器
检测的复合信号总光强 I_t 为：

$$\left.\begin{array}{l} T_1:I_{t1}=I_1^++I_2^++I_3^+ \\ T_2:I_{t2}=I_1^-+I_2^++I_3^+ \\ T_3:I_{t3}=I_1^-+I_2^-+I_3^+ \\ T_4:I_{t4}=I_1^-+I_2^-+I_3^- \end{array}\right\} \tag{7-20}$$

式中，$I_i^+(i=1,2,3)$ 为三个陀螺在 $\pi/2$ 周期的输出；$I_i^-(i=1,2,3)$ 为三个
陀螺在 $-\pi/2$ 周期的输出，且满足

$$\left.\begin{array}{l} I_i^+=I_{i0}\left[1+\cos(\varphi_s+\pi/2)\right] \\ I_i^-=I_{i0}\left[1+\cos(\varphi_s-\pi/2)\right] \end{array}\right\} \tag{7-21}$$

式中，I_{i0} 为三轴陀螺的输入光强；φ_s 为 Sagnac 相移。这样在 4 个周期段

中相邻的两个光强相减 $I_{ti} - I_{t(i+1)}$,则可以分别得到三个陀螺的输出信号,为

$$\Delta I_i = I_{ti} - I_{t(i+1)} = -2I_{i0}\sin\varphi_{si} \qquad (7-22)$$

这样,在 4τ 的周期内可以检测出三轴陀螺信号,与时分复用 $\pm\pi/2$、$\pm\pi$ 调制技术相比,信号检测速度提高了一倍。同时由于在相邻的周期内将陀螺复用号相减,将其他两个轴的分量及其附加的噪声一并减去,从而提高了对三轴陀螺信号的检测精度。由于三轴陀螺也并未工作在 $\pm\pi$ 相位,限制了功率波动,故探测器检测的平均功率仍旧为恒值。

7.5.3 复用技术中存在的问题

1. 三轴陀螺的度越时间不同

限于具体的加工工艺精度,例如 Y-波导,光纤环绕制时光纤长度控制不准确等因素会造成三轴陀螺的度越时间 τ 并不相等,如果采用三轴陀螺的平均周期 τ_0,随着采样周期的增加,累积时间误差增大,在方波调制的时候会引起梳状脉冲,影响检测精度。可以采用如图 7.24 所示的调制方法,三轴陀螺分别根据采用自身的度越周期来设置调制波形,在经过 4τ 周期后引入一个复位信号,使三轴陀螺下一采样周期的调制同步开始。实际应用中,度越时间差别很小,也可以经过数个采样周期之后进行复位操作。基于飞速发展的 FPGA 技术,所设计的调制波形比较容易实现。

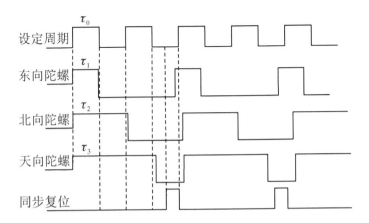

图 7.24 复位信号的引入

2. 串扰问题

随着陀螺器件复用程度的提高,三轴陀螺间的串扰程度更为严重,信号间主要存在的串扰包含的因素较多。当三轴速率接近时,其光程差有可能在光源相干范围内,故不同轴信号之间可能会发生干涉。而采用宽谱光源时,由于相干长度短,可以通过调整三轴陀螺的光纤环长度(如三轴分别采用 1 000 m、1 001 m、1 002 m 的光纤),使其光程差值大于光源相干长度,同时通过复位信号可以保证每个陀螺都工作在各自的本征频率上。其次不同轴背向散射与主信号之间、不同轴背向散射之间也有可能存在串扰干涉。虽然 FAS 是宽谱光源,这种背向散射产生的附加相位差区域被限制在光源的相干长度内,但是由于复合信号中包含了三轴陀螺的这种误差,如何消减第二类串扰问题是复用 FOG 精度提高的关键。

为了检验该复用结构的性能优劣,在稳定平台上测量了地球转速在三个轴上的分量,如图 7.25 所示。可以看出,设计的三轴 FOG 时分复用结构能够测量出地球的转速,但是长期稳定性存在漂移,与单轴陀螺相比其白噪声较大,原因是复用结构中寄存的串扰效应没有被完全抑制,需要进一研究提高。

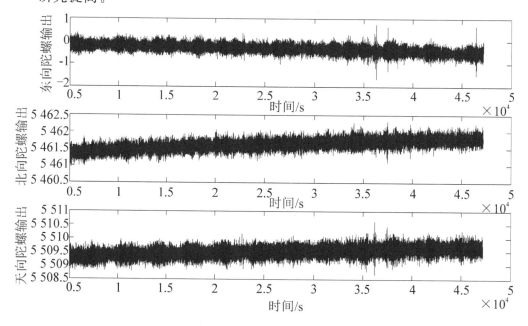

图 7.25　三轴陀螺在稳定平台上的原始输出

7.6　光源强度噪声抑制技术

对于干涉型光纤陀螺（IFOG），光源所贡献的噪声主要是由于瞬时光强的随机涨落而导致探测器探测过程中的量子涨落引起的，噪声包括散粒噪声和光源相对强度噪声。

7.6.1　FOG 光源噪声特性分析

IFOG 的基本测量极限受散粒噪声的限制，散粒噪声是探测器在光电转换时产生的独立于时间的随机噪声。当散粒噪声与陀螺非互易相位产生的干涉光强可比时，就会淹没陀螺的 Sagnac 非互易相位差。散粒噪声表现为探测器输出电流的随机涨落，其方差为

$$\sigma_{\text{shot}}^2 = 2ei_{\text{D}}B_{\text{e}} = 2e^2\eta_{\text{D}}\frac{P_{\text{D}}\lambda}{hc} \qquad (7-23)$$

式中，e 为电子电荷；B_{e} 为探测器的测量带宽；i_{D} 为探测电流；P_{D} 为抵达探测器的光功率；η 为光子转换为电子的效率即量子效率；h 为普朗克常量；c 为真空光速；λ 为光源波长。

对于波长确定的光源，散粒噪声只受光强的影响，散粒噪声的光功率表达式为

$$\sigma_{\text{shot}} = \sqrt{\frac{2Phc}{\lambda}} \qquad (7-24)$$

宽谱光源各种分量之间的拍频会引起附加噪声，这就是光源相对强度噪声即拍频噪声，用于反映光源的幅值特性。当光源的稳定性比较好时，相对强度噪声接近理论极限，故影响较小。但是相对强度噪声与光电探测器接收的功率成正比，在功率较大时必须考虑。光源相对强度噪声的功率为

$$\delta_{\text{rin}} = P\sqrt{\frac{\bar{\lambda}^2}{c\Delta\lambda}} \qquad (7-25)$$

式中，$\bar{\lambda}$ 为宽谱光源的平均波长；$\Delta\lambda$ 为光源的光谱宽度；P 为探测器功率。可以看到，光源相对强度噪声不但与光功率成正比，而且与光源谱宽的平

方根成反比,所以在设计光源时尽量增大光谱宽度。

光源功率影响的探测噪声可以用式(7-26)表示,它是散粒噪声与光源相对噪声之和。

$$\sigma_i = \sigma_{\text{shot}} + \delta_{\text{rin}} = \sqrt{\frac{2Phc}{\lambda}} + \sqrt{\frac{\bar{\lambda}^2}{c\Delta\lambda}}P \qquad (7-26)$$

可以看出,噪声随光功率增大而增大,但是实际光纤陀螺测试中,光功率增大,信号强度也增大,所以用信噪比(SNR)来衡量噪声特性,即

$$SNR = \frac{P}{\sigma_i} = \frac{\sqrt{P}}{\sqrt{\frac{2hc}{\lambda}} + \sqrt{\frac{P\bar{\lambda}^2}{\Delta\lambda c}}} \qquad (7-27)$$

通过式(7-26)和式(7-27)可以得到光源功率与陀螺噪声的关系如图7.26所示。图中的上半部分为随着光功率的增大,散粒噪声和光源强度噪声的变化。从图中可以看出在光源功率大于 1.28 μW 时,光源相对强度噪声将起主要作用,成为主要噪声源。下图为信噪比与光源功率的关系,从公式可以看出信噪比存在极限值,用此极限值对信噪比进行归一化可以取得更直观的效果,在光源功率大于 1 mW 时,信噪比趋于饱和,表明

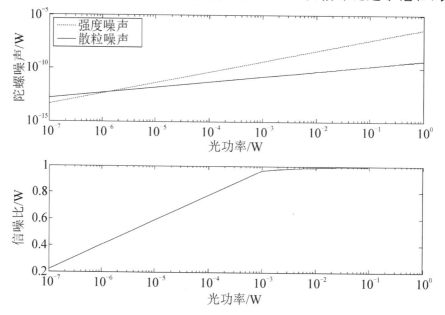

图 7.26　光功率与陀螺噪声关系

此时光源的强度噪声成为影响 FOG 检测灵敏度的主要因素。在设计采用的 EDFS 中,光源功率都能达到 1 mW 以上,如何消除光源强度噪声以进一步提高陀螺灵敏度成为关键。

7.6.2　相减法抑制 FOG 光源强度噪声

如何消除光源强度噪声是目前高精度 FOG 的研究热点,国外生产的高精度 FOG 如 AlliedSignal 和 Honeywell 公司的产品分别采用噪声相减技术和噪声抑制技术来消除光源强度噪声,这也是现在广为应用的消噪降噪技术。对于采用 FAS 的 FOG,仍旧可以借用上述技术来抑制光源强度噪声。相比而言,噪声相减技术主要依赖于软件实现,对现有 FOG 检测电路的改动较少,成本较低,容易实现且效果较好。而采用高频光强调制来抑制光源强度噪声不仅需要复杂的电路设计,而且调制参数设置繁复,对于 FAS 的结构特性此方法不宜采用,对于其余结构 EDFS 不失为一种很好的降噪方法。

因而在 FAS 中,采用噪声相减技术来消除强度噪声,其光路结构如图 7.27 所示。到达探测器 A 和 B 的光强分别为

$$I_{\mathrm{A}}(t) = G_{\mathrm{A}}(I_0 + I_{\mathrm{N}}(t-\tau)) \times$$
$$\mathrm{Re}\{1 + \exp[j[\phi_s + m(f(t) - f(t-\tau))]]\} \quad (7-28)$$
$$I_{\mathrm{B}}(t) = G_{\mathrm{B}}(I_0 + I_{\mathrm{N}}(t)) \quad (7-29)$$

式中,I_0 为光源中的直流恒定分量;$I_{\mathrm{N}}(t)$ 为光源中产生强度噪声的随机

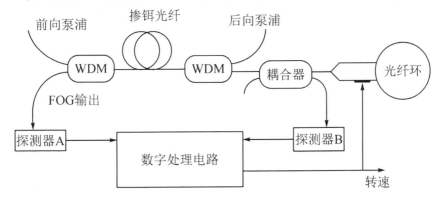

图 7.27　光源强度噪声相减的光路结构

涨落分量;ϕ_s 为 Sagnac 相移;τ 为度越时间;$f(t)$ 为 FOG 调制函数;m 为 FOG 调制参数;G_A 和 G_B 为增益系数(G_A 取决于光纤环的损耗以及 FAS 的放大增益,G_B 是信号处理时与 G_A 相匹配的参数)。

将两束光合并在一起考虑时,光强的总和中包括信号和噪声两个分量,即

$$I(t) = I_A(t) + I_B(t) = I_s(t) + I_n(t) \tag{7-30}$$

式中,信号分量和噪声分量为

$$I_s(t) = (G_A + G_B) I_0 + G_A I_0 \cdot \cos\{\phi_s + m [f(t) - f(t - \tau)]\} \tag{7-31}$$

$$I_n(t) = G_A I_N(t - \tau) \times \mathrm{Re}\{1 + \exp[j\phi_s + f(t) - f(t - \tau)]\} + G_B I_N(t) \tag{7-32}$$

考虑闭环 FOG 采用以频率 $\omega_p = 1/2\tau$ 的方波调制并同步解调时,式(7-32)可以改写为

$$I_n(\omega_p) = G_A \exp(-\pi j) I_N(\omega_p) \times$$
$$\mathrm{Re}\{1 + \exp[jm(f_{max} - f_{min})]\} + G_B I_N(\omega_p) \tag{7-33}$$

调整增益参数 G_B 满足式(7-34)即可以实现消除光源的强度噪声。

$$G_B = G_A \mathrm{Re}\{1 + \exp[jm(f_{max} - f_{min})]\} \tag{7-34}$$

系统参数设定的难点在于 G_A 的测定,这是因为不仅要考虑损耗,而且 FAS 对陀螺的信号进行了放大,还需要考虑放大增益对 G_A 的影响。本次试验采用总体的测试方法确定,只考虑光路的总增益而忽略各段的影响,得到 $G_A = 18.98$ dB。试验同时测试了复用 FOG 静态时单轴陀螺的输出特性,采样时间为 1s,未采用强度噪声抑制的陀螺输出曲线如图 7.28 所示,采用强度噪声抑制的输出曲线如图 7.29 所示。图中上部分曲线是陀螺的原始输出,下部分是用国际通用的 Allan 方差计算出的随机游走系数。从图中可以看出,采用强度噪声抑制之后,陀螺的随机游走系数由 $0.022\,35°/\sqrt{h}$ 降低到 $0.014\,05°/\sqrt{h}$,验证了采用强度噪声抑制方法的有效性。

噪声相减技术不能从根本上消除强度噪声,该技术受 G_A 测定精度的影响,所以陀螺性能的提高有限。对于采用 SPB 结构的 EDFS 光源,最好的方式还是采用高频调制的方法,其基本原理如图 7.30 所示。图中虚线

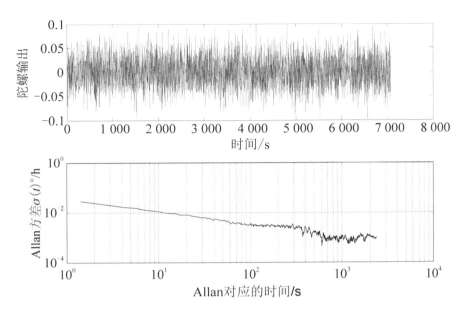

图 7.28　强度噪声未经抑制的陀螺静态输出和 Allan 方差

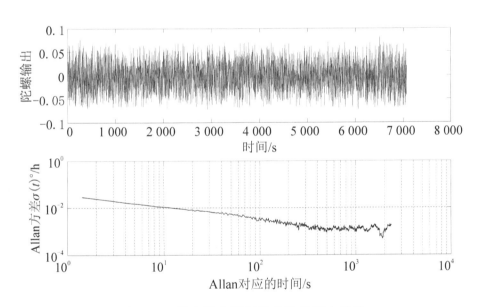

图 7.29　强度噪声抑制后的陀螺静态输出

框内为反馈控制电路,光源的输出端光强被调制后经过耦合器分光,被探测器转换为电信号实现闭环控制以调制光强。此结构的消除方案可以从根本消除强度噪声而不受采样时间的限制,具体还需要进一步研究。

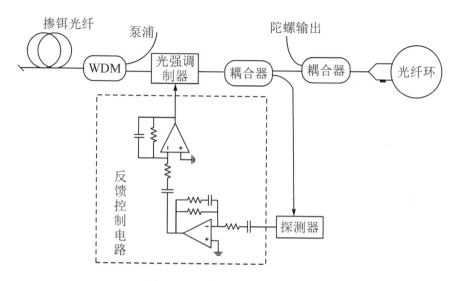

图 7.30　光源强度高频调制

7.7　本章小结

　　FAS 光源既能提供稳定的宽谱光源,又能作为光纤放大器放大陀螺信号,是极具潜力的 EDFS 光源结构。当 FAS 的放大增益大于 20 dB 时,不会造成光纤陀螺信噪比下降。带 Lyot 消偏器的 FAS 光源的光谱宽度提高到了 40 nm,通过优化光纤参数并采用温度模型估算,可以保证 FAS 在全温度范围内的平均波长稳定性优于 8 ppm。采用双光纤光栅的增益钳位方法可使 FAS 放大增益更加稳定,选择 1 530 nm 作为光纤光栅的反射波长可实现对 FAS 的近高斯形滤波。FAS 光源与 FOG 的耦合是需要解决的关键问题,通过合理设计 FAS 复用结构和调制解调方法,可以提高 FOG 的检测速度和检测精度。光源强度噪声可以采用对比相减的方法来抑制,试验表明采用强度噪声抑制方法后,陀螺的随机游走系数显著降低。

参考文献

[1] 杨远洪，王峥，伊小素，等.基于掺铒超荧光光纤光源的高精度光纤陀螺[J].北京航空航天大学学报，2005(11):1159-1162.

[2] 方荇，王品红，赵淑平.光纤陀螺用掺铒超荧光光纤光源[J].半导体光电,2006(3):263-265.

[3] KINTNER E C. Polarization control in optical-fiber gyroscopes[J]. Optics letters，1981，6(3)：154-156.

[4] IWATSUKI K. Excess noise reduction in fiber gyroscope using broader spectrum linewidth Er-doped superfluorescent fiber laser[J]. IEEE Photonics Technology Letters，1991，3(3)：281-283.

[5] MORKEL P R，LAMING R I. Noise characteristics of high-power doped-fibre superluminescent sources[J]. Electronics Letters，1990，26(2):96-98.

[6] HALL D C，BURNS W K，MOELLER R P. High-Stability Er^{3+}-Doped Superfluorescent Fiber Sources[J]. Journal of Lightwave Technology,1995,13(7):1452-1460.

[7] MICHEL J F，DIGONNET. Thoery of supflourescent fiber laser[J]. Journal of Lightwave Technology，1986，4(11)：1631-1639.

[8] PAUL F W. Broadband erbium-doped fiber sources for the fiber optic gyroscope[D]. Palo Alto：Stanford University，1992.

[9] 李绪友.高精度数字闭环光纤陀螺的研究[D].哈尔滨:哈尔滨工程大学,2005.

[10] FESLER K A，F DIGONNET M J，KIM B Y，etc. Stable fiber-source gyroscopes[J]. Optics letters，1990,15(22):1321-1323.

[11] ZATTA P Z，HALL D C. Ultra-high-stability two-stage superfluorescent fibre sources for fibre optic gyroscopes[J]. Electronics Let-

ters,2002,38(9):406-408.

[12] 郭小东,乔学光,贾振安,等. 一种 C+L 波段高功率掺铒光纤宽带光源[J]. 中国激光,2005(5):609-612.

[13] 王秀琳,黄文财. 新颖的双通道输出高功率掺铒光纤宽带光源[J]. 光子学报,2007(01):124-127.

[14] HARD A Y, ORON R. Amplified spontaneous emission and Rayleigh back scattering in strongly pumped fiber amplifiers[J]. Journal of Light wave Technology, 1998, 16(10): 1865-1873.

[15] DESURVIRE E, SIMPSON J R. Amplification of spontaneous emission in erbium-doped single-mode fibers[J]. Journal of Light wave Technology, 1989,7(5):835-845.

[16] WYSOCKI P F, DIGONNET M. Spectral characteristics of high-power 1. 5 mu m broad-band super luminescent fiber sources[J]. IEEE Photonics Technology Letters, 1990, 2(3): 178-180.

[17] WYSOCKI P F, DIGONNET M, KIM B Y. Characteristics of erbium-doped superfluorescent fiber sources for interferometric sensor applications[J]. Journal of Light wave Technology,1994,12(3): 550-567.

[18] WANG L A, CHEN C D. Stable and broadband Er-doped superfluorescent fibre sources using double-pass backward configuration [J]. Electronics Letters,1996,32(19):1815-1817.

[19] PATRICK H J, KERSEY A D, BURNS W K,etc. Erbium-doped superfluorescent fibre source with long period fibre grating wavelength stabilization [J]. Electronics Letters, 2002, 33 (24): 2061-2063.

[20] WANG L A, CHEN C D. Comparison of efficiency and output power of optimal Er-doped superfluorescent fibre sources in different configurations[J]. Electronics Letters,2002,33(8): 703-704.

[21] FALQUIER D G, DIGONNET M J F, SHAW H J. A polarization-stable Er-doped superfluorescent fiber source including a Faraday

rotator mirror[J]. IEEE Photonics Technology Letters，2000，12(11)：1465-1467.

[22] 钱景仁，程旭，朱冰.掺铒光纤超荧光宽带光源的实验研究[J].中国激光，1998(11)：30-33.

[23] 王秀琳，明海，王安廷，等.单级结构 C＋L 波段掺铒光纤宽带光源[J].中国激光，2006(2)：166-170.

[24] 乔学光，习聪玲，贾振安，等.一种双抽运结构 C＋L 波段掺铒光纤宽带光源[J].光通信技术，2006(9)：15-17.

[25] 高伟清，蒙红云，刘艳格，等.一种新颖的反射结构高功率超宽带光纤光源[J].中国激光，2004(5)：591-594.

[26] 肖瑞，冯莹，唐波，等.用于高精度光纤陀螺的宽带掺铒光纤光源[J].光电子技术与信息，2003(1)：40-44.

[27] 阎晓琴，高峰，贾鲁宁，等.铒纤长度对掺铒光源性能影响的实验研究[J].光子学报，2005(7)：1032-1035.

[28] 沈华，丁广雷，王屹山，等.双包层掺铒光纤激光器的数值模拟与实验[J].激光技术，2006(1)：70-72.

[29] 黄艺东，罗遵度.锗酸盐玻璃中 Er～(3＋)离子 Stark 分裂的分析[J].红外与毫米波学报，2001(1)：50-52.

[30] BARNES W L，LAMING R I. Absorption and emission cross section of Er^{3+} doped silica fibers[J]. Quantum Electronics IEEE Journal of,1991,27(4):1004-1010.

[31] 马丽娜，胡正良，胡永明，等.980nm 抽运时掺铒光纤放大器中的上转换发光效应研究[J].中国激光，2005(11)：1463-1468.

[32] 司福祺，刘建国，郑朝辉，等.差分光学吸收光谱系统中标准吸收截面数据处理方法研究[J].量子电子学报，2002(6)：499-503.

[33] BOLSHTYANSKY M，WYSOCKI P，CONTI N. Model of temperature dependence for gain shape of erbium-doped fiber amplifier[J]. Journal of Lightwave Technology，2002，18(11)：1533-1540.

[34] JU H L，PARK N. Reduction of temperature-dependent multichannel gain distortion using a hybrid erbium-doped fiber cascade[J].

IEEE Photonics Technology Letters,2002,10(8): 1168-1170.

[35] PARK H G, CHIN Y J. Gain-clamped fibre amplifier/source for gyroscope[J]. Electronics Letters,1999,35(2):167-168.

[36] 孙国飞,那永林,吴衍记.抑制掺铒光纤光源强度噪声的方法研究[J].红外与激光工程,2007(S2):589-592.

[37] 沈林放,钱景仁.高稳定宽频带掺铒光纤超荧光光源[J].光学学报,2001(3):300-304.

[38] 徐小斌,徐宏杰,冯丽爽,等.光源光功率和偏振度对闭环光纤陀螺的影响[J].光电工程,2007(5):62-66+108.

[39] 张明,饶俊彦,周寒青,等.基于双包层光纤和长周期光纤光栅的带通滤波器[J].浙江工业大学学报,2018,46(1):78-82.

[40] 郑本瑞.宽带掺铒光纤超荧光光源特性研究[D]. 厦门:厦门大学,2008.

[41] 卓智鹏.光纤陀螺用掺铒光纤光源的关键技术研究[D]. 哈尔滨:哈尔滨工程大学,2007.

[42] TEYO T C, LEONG M K, AHMAD H. Lasing wavelength dependence of gain-clamped EDFA performance with different optical feedback schemes[J]. Optics & Laser Technology, 2002,34(6): 497-500.

[43] WESTON J L, TITTERTON D H. Modern inertial navigation technology and its application[J]. Electronics & Communication Engineering Journal,2000,12(2):49-64.

[44] PARK H G, DIGONNET M, KINO G. Er-doped superfluorescent fiber source with a ±0.5-ppm long-term mean-wavelength stability [J]. Journal of Lightwave Technology, 2003, 21(12): 3427-3433.

[45] SEO M S , KIM T J, YUN S C,et al. Polarisation-scrambled Er-doped superfluorescent fibre source with improved mean-wavelength stability[J]. Electronics Letters, 2006, 42(11): 621-623.

[46] WAGENER J L. Erbium doped fiber sources and amplifiers for optical fiber sensors[D]. Palo Alto: Stanford University, 1996.

[47] DARIO G F. Erbium doped superfluorescent fiber sources for the fiber optic gyroscope[D]. Palo Alto: Stanford University, 2000.

[48] RäTSEP M, WU H M, HAYES J M, et al. Stark hole-burning spectroscopy of a photosynthetic complex: LH2 of purple bacteria [J]. Spectrochimica Acta Part A Molecular & Biomolecular Spectroscopy, 1998, 54(9): 1279-1289.

[49] CHIEN P Y, CHANG Y S, CHANG M W. Fiber sensor based on frequency tracking in a phase-modulated fiber-optic gyroscope[J]. Optics Communications, 1995, 118(3-4): 215-219.

[50] CHEN X, WEIYONG Z. The magnetooptic effect of single-mode fibers[J]. Acta Optica Sinica, 1988(3): 86-90.

[51] 袁悦, 周剑, 姜润知. 用于高精度光纤陀螺的掺铒光纤宽带光源的优化[J]. 光学仪器, 2015, 37(1): 14-18.

[52] 余有龙, 谭华耀, 锺永康. 一种高功率宽带光源的研制[J]. 中国激光, 2001(1): 71-73.

[53] 杨远洪, 申彤, 赵冠成. 基于功率取样的光纤光源平均波长控制技术[J]. 北京航空航天大学学报, 2009, 35(3): 304-307.

[54] PARK H G, CHIN Y J, KIM B Y. Stabilization of fibre-amplifier/source gyroscope by optimum modulation amplitude tracking[J]. Electronics Letters, 2002, 35(13): 1100-1102.

[55] OH J M, CHOI H B, LEE D, et al. Demonstration of a low-cost flat-gain L-band erbium-doped fiber amplifier by incorporating a fiber Bragg grating[J]. Photonics Technology Letters IEEE, 2002, 14(9): 1258-1260.

[56] KIKP G, POLMAN A. Cooperative upconversion as the gain-limiting factor in Er doped miniature Al_2O_3 optical wave guide amplifiers [J]. Journal of Applied Physics, 2003, 93(9): 5008-5012.

[57] DAVIS M K, DIGONNET M. Thermal Effects in Doped Fibers [J]. Journal of Lightwave Technology, 1998, 16(6): 1013-1023.

[58] GUPTA S, QIAN L. Measuring Gain and Noise Figure of Erbium-

Doped Fiber Amplifiers Using a Broad-Band Source and a Transmission Filter[J]. IEEE Photonics Technology Letters，2004，16(9)：2030-2032.

[59] 郝燕玲，王瑞. 铒离子浓度对掺铒光纤光源性能影响研究[J]. 光电工程，2010，37(7)：81-85＋91.

[60] 方苇，王品红，赵淑平. 光纤陀螺用掺铒超荧光光纤光源[J]. 半导体光电，2006(3)：263-265.

[61] 陈一竑，程瑞华，沈红卫，等. 掺 Er 石英光纤的 1 560 nm 光纤激光和超荧光[J]. 中国激光，1992(12)：900-902.

[62] 常德远，郑凯，卫延，等. 铋镓共掺的高浓度掺铒石英基光纤中铒离子团簇率的实验研究[J]. 物理学报，2008(1)：556-560.

[63] 赵淑平，王品红，张晓霞，等. 基于掺铒光纤的长周期光纤光栅滤波器的研究[J]. 半导体光电，2005(6)：503-505.